无论将来或是现在，都应该感谢努力的自己

因为努力，让你认真活

让你应得的，那么理所当然

# 谢谢努力的自己

笙箫 —— 著

台海出版社

图书在版编目（CIP）数据

谢谢努力的自己 / 笙箫著. -- 北京：台海出版社，2019.1

　　ISBN 978-7-5168-2187-9

　　Ⅰ.①谢… Ⅱ.①笙… Ⅲ.①成功心理－通俗读物

Ⅳ.①B848.4-49

　　中国版本图书馆CIP数据核字（2018）第268963号

## 谢谢努力的自己

著　　者：笙　箫

责任编辑：姚红梅　　　　　　装帧设计：仙　境
版式设计：阎万霞　　　　　　责任印制：蔡　旭

出版发行：台海出版社
地　　址：北京市东城区景山东街20号　邮政编码：100009
电　　话：010－64041652（发行，邮购）
传　　真：010－84045799（总编室）
网　　址：www.taimeng.org.cn/thcbs/default.htm
E－mail：thcbs@126.com

经　　销：全国各地新华书店
印　　刷：保定市西城胶印有限公司
本书如有破损、缺页、装订错误，请与本社联系调换

开　　本：880mm×1280mm　　　　　1/32
字　　数：164千字　　　　　　　　 印　张：8
版　　次：2019年2月第1版　　　　 印　次：2019年2月第1次印刷
书　　号：ISBN 978-7-5168-2187-9

定　　价：36.80元

# 自　序

　　一边成长，一边失去。一边成长，一边懂得。

　　人的一生，或悲伤、或欣喜、或快乐，都是我们的足迹。所走的每一步路都值得被记住，每一个脚印，都是对自己的见证和成长。

　　这几年，我的记忆力没有以前那么好了，我不会去刻意地记住，也不会去刻意地忘记。好像只要到了某个时候，有些记忆自然而然地就会涌现出来。告诉我，原来我走了这么久，走过了不少路。

　　我时常会想起刚毕业的那一年。那一年，我过得有点艰难。跟大部分刚出校门的毕业生一样，迷茫、没有规划、找不到方向。跌跌撞撞、磕磕碰碰，笑着哭，哭着笑。不断受挫折，又不断给自己打气，自我鼓励说，会好起来的。

　　有一次，我在公交车站台，看着眼前来来往往的人群，突然一下子大声哭了起来。那一刻，我完全没有去在意别人看自己的眼光，心里想着我真的好压抑。

那时候，我习惯性地将自己的心事藏起来，认为藏得越深越好。不轻易去跟身边的人倾诉，也不去抱怨生活为自己所带来的不安，一直在死扛着。

后来，我找到了一种自我安慰的方式。那就是写下来，先是写在日记本里，再者就是写在电脑的文档里。我开始逐渐对文字的依赖性越来越大，也慢慢地在不断地自我治愈。

再后来，我来到了上海。在上海的这一两年，是我成长最快的时期。我将自己彻彻底底地置身在了繁忙中，拼命地工作加班，拼命地学习提升，也在拼命地熬夜。我知道，要想走好这条路，就必须付出更多的努力。

坐过深夜的地铁和出租车，见过凌晨四五点钟上海朦胧的样子。每一个时间的上海，对于我来说，都值得被记住。

人生就是这样，我们都在逼着自己成长，也都在一边成长，一边失去。一边成长，一边懂得。

写下这本书的时候，其实，我的生活里发生了很多变化。做了一些决定，辞去了工作，放弃了一个不再属于自己的人。

我仿佛再次将自己归零，好像重生了一次。我也是带着过往生活里的记忆来写下这本书，那些所遇到过的人，所经历过的事，我都在循着记忆尽量将其呈现出来。

这本书里的文字，很平淡，也很简单。有人深夜哭泣，有人大醉一场，有人离开一座城市，有人告别所爱之人。我不知道，当你读到它的时候会是什么感觉。但我希望，你会喜欢，会找到一些共鸣。

写这些文字的时候，更多的是在下班后的夜晚。不知道读到这些文字的你，会不会也是在某个深夜。

我没有用太多华丽的辞藻来进行过多的修饰，因为我一直都认为，最简单的也最珍贵。我很感谢在文字这条路上，坚持下来并且不断前进的自己。

在岁月里，我们都在努力变成更好的人。我想，你一定会跟我一样，一直都在拼命地努力和奋斗，拼命地奔跑和长大。

我们都是普通人，很多人的经历看起来都差不多，我们的故事也许和很多普通人相似，但故事里有着我们不一样的情感，以及独一无二的体验，如果我们的故事能够触动你，能够给你带来对生活的感悟，那么不妨让我来告诉你。

感谢你的喜欢和阅读，我会继续努力变得更好。希望，我们还能够在文字里再次相遇。

我是笙箫，遇见你真好。

# 目  录 *Contents*

## 你不努力，只能认命

# 目 录 *Contents*

# 目 录 *Contents*

# 目 录 *Contents*

## 没有伞的孩子，必须更努力地奔跑

# 目 录 *Contents*

## 没有努力爱过的青春不算青春

# 目 录 *Contents*

## 努力过，心中就会有答案

# 你不努力，只能认命

努力才配有未来。不努力的人，却想要不一样的人生，无疑是无稽之谈。

## 等来的是命运，努力出来的是人生

谁又能预知得到，生活会给予我们怎样的一个难题？同理，谁又能预知得到，生活会给予我们怎样的一个惊喜？但这些所谓的难题，所谓的惊喜，都取决于你是否足够努力。

你学历低，你不够聪明，你出身寒门，你没有一技之长，这些又算得了什么。只要你肯努力，终有一条属于你的路，能让你一直走下去。

反之，你有好的条件，你不努力，也都是白搭。

阿强是我的初中同学，初中那会儿，我们经常一起约在周末的时候回家。渐渐地，关系就熟络了起来。他是那种不会表达自己的人，有什么事也只会放在心里。中考后，我和阿强分别去了不同的高中读书，虽然见面少了，但是我们常常会在手机上发短信或是用QQ联系。

高考前，阿强曾短信跟我说，如果自己高考没考上二本院校，也许就不会再继续读书。当时，我也只是当作阿强说笑而已，因为他的成绩本就不差。

我跟阿强说，高考你肯定没问题。

阿强说，但愿吧，近期状态不是很好。

在与他的聊天中，可以看出阿强临近高考的时候很紧张。他总是说，他要走出去（离开家乡），不再让父母受苦。后来，阿强高考落榜了。正如阿强所说，他高考落榜后，就没有再继续读书。

其实，那时候阿强是想继续读书的，想着既然没考上自己心仪的本科院校，那么，读个好一点的专科也好，至少能够学一门技术。身边的好友也认为，阿强可以继续读书。毕竟，阿强脑子不笨。只是高考的时候失误了，复读或者继续读，以后肯定会不错。

但是，这个想法，却被阿强的父母拒绝了。

阿强的家庭条并不算好，他母亲在家务农，父亲在外打工，收入不算高。因此，阿强想要继续读书的念头第一次在他父母那里被拒绝后，阿强也不再坚持。

很多人都说，人总是在一夜之间长大的。人生就是这样，很多选择你一旦做了，就会走向另外一条路。

那年，高考暑假结束后，阿强便独自一人背着包去了深圳亲戚家里打工，这份工作是父亲托亲戚给安排的。

刚到深圳那会儿，阿强是迷茫的，他不知道自己该做点什么。他第一次意识到，自己除了读书，好像什么事都不会做，也意识到，什么叫作心有余而力不足。

几天后，他开始跟着亲戚一起到夜市摆摊卖羊肉串。每天一到下午四五点钟的时候，他就大包小包地背着卖羊肉串所需要的物品，摆起摊位。

阿强是个能吃苦的人，他卖起羊肉串也很卖力，每天都是干劲满满。当然，他也是希望亲戚可以多给自己一点工费。这样，就有钱往家里寄。

他想着，自己没有再读书，与学历以后再无关系，唯有踏实努力，才能改变自己的路。

随着阿强的加入，摊位的生意越来越好，周围的人也渐渐对阿强熟悉了起来，亲戚给的钱也自然而然多了起来。

在阿强摆摊的旁边有一个手机维修店，闲下来的时候，阿强就会去店里跟那些维修手机配件的人聊聊天。时间一久，阿强跟店里的人慢慢地熟络了起来。他发现，自己对维修手机比卖串串感兴趣得多。

后来，跟着亲戚卖串串将近一年后，阿强逐渐地意识到自己这样下去也不是办法。

毕竟，摆地摊卖串串不是长久之计。加上昼夜颠倒，这让自己很是苦恼。

他想着，既然自己对维修手机这一块感兴趣，为什么不去做手机的生意呢？思来想去，他跟父母提出不再继续去亲戚家里打工的事情。并把自己想要单独出去做生意的想法告知他们，希望可以得到他们的支持。

单独做生意，最主要的就是资金问题。阿强在外打工一年多虽然有了一定的积蓄，但对于出去找店面做生意是远远不够的。阿强软磨硬泡，终于说动了父母同意自己出去单独做生意，并跟亲戚家借了点钱，用来找店面付租金。

在自己单独做生意之前，他同样是跟着维修手机配件的师傅学着维修技术，师傅的学徒有很多，教起来常常会有很多遗漏的地方。大概是因为，阿强高中是学理科的原因，学起来较快，也懂得变通。不懂的地方，阿强就会记下来，等到下班后再去问师傅。

有时候，师傅也会让阿强跟着他一起送货去卖手机的商场，渐渐地他对各种手机品牌都熟悉了起来。

维修技术学完后，他开始自己找店面边维修手机配件，边售卖小品牌的手机。兴许是背负着债务的压力，他每天起早贪黑。每天早晨，周围店面还没开门营业的时候，阿强就已经开始在工作了；晚上，周围的店面都下班关门休息了，阿强的店门都还是开的。

其实，手机生意并不好做，市场竞争压力越来越大，有很多售卖手机的店面都为此而关门。阿强去深圳后很少跟我联系，唯一的一次联系是在朋友圈看到阿强发的仅有四个字动态："坚持，改变。"

我当时好奇，就给阿强发了微信消息，却没想到，聊起来的时候有点心疼他。阿强说，这段时间面临店面拆迁，不知道如何是好，跑了很多地方，不是店面租金贵，就是地段不行。加上，前不久接了很多手机维修，因为店面问题都被一一退回，还贴了很多资金进去。在手机这头的我，早已不知该说些什么。唯有说些安慰的话语，再无其他。那段时间，阿强体会到了什么叫"命途多舛"。

深圳的店面租金太贵，他不得不跑去云南、贵州、青海等这些偏僻的地区找新的店面。辗转了好几个城市后，他最终在青海找了一家新的店面，租金比在深圳要便宜很多。但就是离老家太远，过年回家的时候，需要坐很长时间的火车。

新店面开业的那天，阿强坐在屋里哭了很久。他意识到自己需要补充的知识还有很多。虽然青海的店面租金不算太贵，但是找的过程和进货的过程花费了很多资金。为了节省，有两三个月的时间阿强一直都在吃泡面，省吃俭用。

青海的店面生意渐渐稳定下来后，阿强开始给自己充电，一个人对知识的渴求永远不只是停留在课堂上。他白天做生意，晚上就看相关的书籍给自己充电。他了解到做网店可以作为一个出路，他试着自己百度找相关的资料，了解开网店的步骤流程。

然后，一步一步地把自己的配件维修、手机售卖搬到了网上。这样一来，线下生意淡的时候，线上还可以有生意。

一个人，在对自己想要做的事情一步步坚持下去的时候，总是会有好的回报。渐渐地，阿强的生意越来越好，店面越做越大。由以前只做维修手机配件、售卖小品牌手机，变成了主做品牌手机。

生活能够听得到你努力的回音，你有多努力，你付出多少，它都是可以感受得到的。你的付出，一定会得到回报。


　　生活虽然没有我们想象中的那么容易，但我们不能因此而放弃。只要你一直努力下去，总会得到你想要的结果。见过也听过很多人，在面对问题的时候，一次次的选择退缩，选择屈服于命运。自认为，自己的一生就这样了。

　　其实，你还有很多空间需要去释放，不是你不如别人，而是你不肯努力。

　　阿强现在的手机店面大了起来，也招了一些员工，属于自己创业做老板了。阿强学历不算高，但是，他通过自己不断地努力，拥有了属于自己的事业。

　　没有什么是不能通过努力来改变的，就看你愿不愿意马上行动，就看你肯不肯吃苦，肯不肯去拼。你不努力，就只有认命。

　　在生活中有很多像阿强这样的人，一开始自己的门槛很低。后来，通过自己的努力，让自己升值。但，也有相反的。

　　大鹏是本科毕业。毕业后，因为找工作，屡屡碰壁。他不是嫌弃工资低，就是嫌弃事情太多。几次碰壁之后，他不但没有意识到自身存在的问题，还抱怨起公司的问题。无奈之下，只能回到家里不再出门继续找工作。

　　在家待久了以后，他慢慢地习惯于那种散漫的状态。他觉得不上班其实也挺好，反正有吃有喝。却没有想过，自己早已落后了他人一大截。

　　不是你的学历高，你就有资格挑剔。也不是你的学历低，你就没有资格去努力改变现状。

有很多人，刚开始的时候起点比较低。但是，他们能够吃别人不能吃的苦，忍别人不能忍的气，做别人所不能做的事。

上帝是公平的，它为你关上一扇门，就会为你打开一扇窗。倘若，它在为你打开那扇窗的时候，你依旧在自我哀怨，自我放弃的话，那你就只能碌碌无为。

反之，你要是好好利用上帝为你打开的这扇窗，你就一定可以取得自己满意的成绩。

人生的旅途漫漫，路途遥远，也很暗淡。但你不要怕，你只要不怕，就没人阻挡得了你的前行。如果你拥有别人没有的，知道别人不知道的，会做别人不会做的，那么，你就会一路顺风；如果你感觉到一无所有，什么都不知道，不会做，那么请你准备好，你正在经历着一段上坡路。

虽然，有可能在前行的过程中，会经历很多坎坷导致自己随时有下滑的危险，但你不要放弃，你要相信，走过上坡，你看到的世界就会更加精彩。

你要相信，总有一天，世界会看到你的努力。

## 因为不够优秀，所以才要更加努力

二十多岁了，常常会因为这样的年龄让自己焦虑。焦虑什么？无非就是，二十多岁的我，依旧一无所有。

在成人之前，我幻想过无数个自己日后的样子。以前，我以为自己会生活在一个不起眼的小城市，做着一份普通的工作，嫁给一个普通的人，过着简单的生活。

然而，这几年却一直在漂泊，居无定所。但对于这些，我从未后悔过。因为我知道，我一直在为自己想要的东西而努力。

小时候，从老家转学去父母工作的城市读书。因为在老家读书时，年龄没有达标被留了一级，后来转学去新的学校，父母看我成绩不错，便选择让我跳级。

但问题来了，那时候是在上下学期的课程，而已经完结的上学期课程我一无所知。怎么办？没办法。我只能去借书看，一边上新学期的课程，一边自学没有学过的课程。

有一次，班主任让全班同学背诵26个字母表。因为我没有学过，当全班同学都在熟练地背诵时，我像个哑巴一样，躲在人群里。虽然是张大着嘴巴，但我不敢出声，因为我不会。

后来，老师看出了我的异样。单独叫我起来背诵，我慌了。我支支吾吾地说，老师我记不住。

老师生气了，她说，连26个字母你都记不住，你在读什么？

幼小的我，第一次受到了打击。那天下午放学回家后，我一直在不停地背诵这26个字母。我告诉自己，背不出来不许睡觉。年幼的我知道，当自己不够优秀的时候，只能拼命努力。


自从进入高中后，我的学习成绩一直都不理想。高考落榜，与自己心仪的学校差距巨大。原本想着复读，一气之下选择了专科。就这样，我的学历从此被定在了专科。

这么多年来，我一直很少跟别人说起自己的学历。我知道，那是因为我不够自信，还有就是自己一直很在意。

毕业后，当成为一名社会人后，身边的人都在说学历是一块敲门砖，包括我的父母。每每听到这些，心里都是不甘心，我一心想要用自己的努力和实力证明学历低依旧可以变得优秀。

后来，我抛开了自己的顾虑。虽然，也曾因为学历而自卑过，而忧伤过。找工作的时候也曾碰壁过。但我，依旧自我激励继续前进。

来上海后，我重新拿起笔继续写自己的文字，开始做起了斜杠青年。把自己的时间充分地利用了起来，工作以外，学习、看书、写文，不断地弥补自身的不足。都说，要想成为不一样的人，那么，你就要比别人付出更多的努力，走一条人迹罕见的路。而我，正在这样做着。

工作的时候努力工作，有输出就要有输入，去学习自己所不知道的东西，提升自己的工作能力。英语不好，我便在网上报了课程，从最基础的开始学起，每天坚持学习半小时。业余时间，便就是看书、写文，去接触自己所不熟悉的东西。

久而久之，我开始发现不论何时自己都有事可做。就算是加班到很晚回家，我依旧要看书、码字、学英语。因为这些，早已占据着我的生活。

身边的朋友问我，你把自己弄成这样不累吗？每天又是工作，又是写文，还要学习英语。

我说，累。有时候，我都被压得喘不过气来。

但更多的是快乐，因为当一个人在努力地变好时，所有的疲惫也就不值一提。因为不够优秀，所以才要更加努力。因为我只能靠自己，所以没有任何选择。

每个人都在选择自己的生活方式，每个人也都在为了自己想要的东西而努力着。我不知道以后的自己会变成什么样子，但现在的我知道，我一直在努力地变好。

没有谁的成功是看起来毫不费力的，天才之所以被称为天才，是因为他们付出的远比正常人要多出很多。所谓的"勤能补拙"不就是这个意思吗？

俞敏洪曾经因为不够优秀，高中复读了两次，考了三年才考上北大。从小学到大学，他都没有考过班级前20名。但在自己的努力下，创办了新东方。而在之前，他的英语并不好。

俞敏洪第一次参加高考的时候，英语只考了33分。在复读班因为英语基础差，从未得到老师的鼓励，靠自我鼓励坚持到第二次高考。第二年高考，他英语考了55分。虽然，比前一次考的高，但总分依旧落榜。

在质疑中，俞敏洪再次选择了复读。这次，他报了英语补习班。开始总结了前两次英语失败的原因，每天不断地刷题、背单词、找语法技巧。最终，高考的时候英语93分，被北大录取。

俞敏洪说，只要自己不放弃自己，就没有什么能够打倒你。

进入北大后，他才发现那里人才济济。因为普通话不好，他每天抱着收音机一遍又一遍地听，跟着播音员学说话。因为英语不好，他就天天坐在未名湖畔背单词。渐渐地，普通话越来越标准了，英语也有了很大幅度的提升。

这些也只是俞敏洪人生中的小小经历，他成功的背后无疑是付出多出常人的努力。

因为知道自己还不够优秀，因为还没有达到自己想要的高度。所以，才要更加拼命地向前走。

俞敏洪曾在大学毕业时说："同学们大家都很厉害，我追了大家五年没追上，但是请大家记住了，以后扮演一个骆驼的同学肯定不会放弃自己，你们五年干成的事情我干十年，你们十年干成的事情我干二十年，你们二十年干成的事情我干四十年。"

后来，他用了二十年的时间，做了他全部同学都没有做到的事情——创办新东方。而以前比他优秀的人，有的在为他工作。

没有谁甘于平凡，都想与众不同。


在人生的道路上，我们都会迷茫、孤独、无助、痛苦。但你要知道，这些都是人生路上的常客，都是我们所需要经历的。

因为，没有谁的成长会是一帆风顺的，成长路上我们都是风雨交加。也没有谁会有好的生活方式，我们只有一步步地去走、去努力，才能创造自己的生活方式。

你要认清自己所要走的路，脚踏实地地走。现在还不优秀没关系，努力地去提升自己、完善自己，积累经验和知识。

因为不够优秀，所以才要更加努力。

## 除了一直向前行走，你别无选择

生活，就是一直向前走，不停地走，就能看到更多更美的风景。

我一直相信，只要一直走下去，就一定能够到达自己想去的地方。这段时间，除了上班、加班，剩下的时间就是找房子、租房子、搬家。某些时候，会觉得自己像个陀螺，不停地旋转。

每天都好像很焦虑，只要一想到，在不知道什么时间能够下班，然后，回去还要找房子、搬东西，内心就会躁动不安。

来上海两年，在这个小区也住了两年。两年来，我搬了两次家。这样算来，好像平均一年就要换一次房子，但每次的换房子我都并非自主。

刚来上海的那会儿，是学姐和师傅给我安排的住处。和两个姐姐一起住在十几平方米的小房子里。那时候，若没有学姐和师傅的帮忙，我不知道自己会在这座城市的哪里落脚。

一开始，狭小的房间让我觉得过于拥挤，三个人站在一起就很难转身。但时间久了，我也就习惯了。若不是，后来学姐说要搬走，我大概会住得更久一点。

这次搬家也是一样，若不是房东太太说要收回房子重新装修，我没想着要这么快换住处。

我本就容易性子急，在得知房东太太要收回房子的时候。我像热锅上的蚂蚁，开始急切地想要早点找到房子，早点解决这个问题。于是，我选择继续在同一个小区里，找了熟悉的中介阿姨。看了几间房子，中意的也就一间。

其实，说白了也就是租金问题。来上海的这两年，我依旧觉得自己没有钱，生活过得也并不是自己满意的样子。在这个偌大的上海，依旧找不到属于自己的立足之地。

昨天搬好家，将房间收拾整理好后，躺在瑜伽垫上，看着泛白的天花板，眼泪不自觉地流下来。那一刻，我就像是绷了很紧的弦突然间松了下来一样。

常有人跟我说，想哭的时候就哭吧。这样心底积压很久的负能量就得以释放了，每每这个时候，我都会在心底自嘲我的怯懦。

这几年来，我常常会因为工作、生活上的无助而哭泣。有一次，我从公司下班回到住处，在地铁上看着玻璃镜里的自己，满脸愁容的样子，我有点嫌弃自己。

于是，在走出地铁站后，我拼命地朝着小区里跑。跑到跑不动了，我才让自己停了下来。

停下来的那一刻，我看着头顶的路灯光，忽然哭出了声。好在那时候，是晚上十点左右，小区里没什么人，不然我一定会不知所措。

昨晚入睡前，我将电影《阿甘正传》以快进的方式重温了一边。自从第一次在好友的推荐下看了这部电影后，我就喜欢上了。

喜欢它的原因很简单，喜欢主人公阿甘一直不停地向前奔跑。时常会在心情不好、对生活失意的时候，我习惯性地打开播放器看这部电影。

我很喜欢这部电影里面的那句：生活就像一盒巧克力，你永远不知道下一块会是什么味道。

我们每个人每天都在生命的这条跑道上，不停地奔跑。看似是自由的灵魂，却又总是身不由己。

我们始终无法预测，我们会面临着什么。我们每个人都有撑不下去的时候，生而为人，我们注定要经历一些不为人知的苦楚。也只有经历过，才能够明白，那些忧悲的苦恼、压抑的情绪。不过是，生活给予我们的思索和眺望，是对灵魂的历练。

上个月，加班结束后，回住处的出租车上，跟司机师傅聊了起来。

一上车的时候，我好奇地问，师傅为什么我叫了那么久的车，明明有几十辆车在附近，接单的师傅却少之又少？是因为你们忙着换班？

司机师傅笑着说，哪里有什么换班啊，我们人手一车，都是为了生活而已。

我继续说道，这样的话，那你们工资肯定很高。

司机师傅说，我们没有工资，我们赚的钱就是自己每天拉的客人钱，还要除去租车费、油费，所赚的压根没多少。我们是24小时制，很多司机为了生活，常年无休。

那一刻，我沉默了。我们通常都很容易习惯性地去看待事物的表面现象，透过表面，去深挖之后才发现里面已经是满目疮痍。

透过出租车车窗，看着被灯光渲染的夜上海。我才发现，自己对这座城市真的太陌生。

这个世界上，没有谁生活得容易。每个人都在拼命地忙着，忙着不停地向前行走。

我们在生活中，总是会遇到一些困境。我们会烦恼，会哭泣，会迷茫，会不安。在面对生活所给予的挫败感、无力感，我们会怀疑人生，怀疑自己的能力，怀疑那些不合乎常理的事情。

甚至，有时候我们会抱怨。抱怨命运的不公正，抱怨生活的苦楚，抱怨自己的无能为力。

可是，在这些之后，我们会发现，我们所能做的无非是哭过之后，咬紧牙关继续地向前行走，不停地走。

因为，我们都想拥有一颗在困境中变强大的心，我们都想给自己足够的安全感，给自己更好的生活。

## 努力，是为了证明自己

我知道，有时候你会累；我知道，有时候你也会无助；我知道，有些路你一直在硬撑。但我想要告诉你，只要努力，你一定可以变成自己喜欢的模样。

去年春节假期，跟几个好友聚餐。其中，一位好友大东已经有两年的时间没见过。那次，他的突然出现让我们几个人大吃一惊。原来，他看到我们在群里的聊天记录后，知道我们出来聚餐的时间，所以，特意赶了过来。

大东比我们这群人都要大一岁，是个很爱笑的人。以前，在学校读书的时候，无论遇到什么事，大东总是笑容满面，也是我们这些人里面最开朗的一个。可是，两年后的大东，没有以前那么爱笑了。

大东的体型变胖了点，话也变少了很多，唯一伴随着那两年没有改变的是大东的肤色，还是那么黑。见到我们的时候，大东一直让自己的嘴角保持一定的弧度。

吃饭的时候，大家都在聊着各自一年来的工作和生活。其中一位好友突然问大东，两年没见到人影是去哪了？

这个时候，大东正在很娴熟地抽着烟，听到好友这句话的时候，大东掐灭了烟蒂喝了一口手旁边水杯里的水说："一直漂着，漂着漂着想家就回来了。"说完，大东嘴角的弧度逐渐褪去，脸上的表情有点僵硬。

我们几个人看着大东僵硬的表情，也没敢再多问。此后，大东一直低着头。到现在，都没有人知道那两年时间里，大东经历过什么。也没有人告诉我们，为什么大东脸上的笑容变少了。

那晚，结束聚餐后，大东更新了一条朋友圈，他说："人都是努力地活着，也都在拼死拼活地证明自己。"

暂且不说，大东这两年的经历。看到他的这句话，我想，他过得并不容易。我们很难理解那些不为人知的生活，也没有办法去感同身受。但我们都是在努力地活着，努力地证明自己。

临近毕业的时候，我爸在电话里劝我毕业后就去他和妈妈所在的城市工作。一是因为他不放心我一个人在外闯；二是因为他认为我在外没有办法生存下去。

我自然是没有顺从他们的想法，一毕业我就搬出了学校宿舍，跟同学在学校附近合租了房子，开始了自己的第一份工作。

那会儿，对于漂泊我没有太多的感觉，兴许是因为自己读书就在那座城市的原因。我真正意义上的漂泊，是在来上海后。

决定来上海前，我瞒着爸妈辞去了工作。然后，做好了心理准备跟他们进行了一次长时间的交谈。在跟我爸交谈之前，我猜想，当我把自己的想法告知他后，他肯定会生气，甚至会骂我。

可是那次，我爸的回答让我有些意外。我不知道，是不是因为我妈之前同他交谈过，还是因为他真的理解。

那晚，我爸的语气有些低沉。在电话里，他说："你要是这样决定我们也没有办法，只是希望你不要再混时间，年轻是该出去闯闯，对你也是件好事，别误了光阴，到头来一事无成。我不是打击你，有些现实必须学会接受。"

我爸没有骂我，只是告知那些我还不曾懂的道理。我知道，我爸那时候所提及的现实是什么。在他心里，他认为上海是个繁华的大都市，是人才济济的地方。而对于学历和能力并不高的我，很难在这里混下去。

那时候的我，对未来一无所知，一心想要出来走走，一心想着证明自己可以适应漂泊和无助。那时候，我也不明白，为什么会有那么多人在毕业后都想要远走他乡，漂泊在外。

后来，当我来到上海后，穿梭在上海的街头、挤在上海的地铁里，看着那些疲惫而陌生的面孔。我开始明白了，我们之所以在异乡漂泊，不过是为了证明自己的人生有无限的可能。

你想要爬到高处，就必须要比别人付出更多的努力；你想要走在前面，就要比别人的脚步更快；你想要远方，就要背起生活所带来的包袱风雨兼程。

公司里有很多上海本地的同事，其实，很多时候我很羡慕他们一下班就可以回家吃到妈妈做的饭，跟爸爸一起唠唠。我的闺蜜爸妈也在上海，每次去找她的时候，看着叔叔阿姨，我就很想爸妈。

　　以前，我不理解为什么爸妈总是念叨让我回到他们身边。等到经历过后，才明白，不过是为了不让自己在外受苦。就像我曾经写过的我的一位同事，辞职后在上海找了一个多月的工作后，还是回去了。她说："回到家里心也就安定了下来。但并不后悔，曾在外面努力地生活过。"

　　是啊，我们为什么要后悔呢？我们在外拼命地努力，不也是一种选择吗？为的不就是证明自己吗？

　　我们都不傻，我们都知道那些痛苦的日子，在我们一开始做出选择和决定的时候，就注定了会发生。痛苦，不过是人生路上的一场偶遇。

　　去年三月的时候，我在上海书展上认识了一位姑娘，戴着眼镜很是可爱。我们之所以相识，也是因为东野圭吾的书籍。那段时间，刚好我对东野圭吾产生了兴趣。

　　在书展上，我一直在寻找东野圭吾的书，在寻找的过程中，我刚好看到她手里拿着东野圭吾的《白夜行》，便询问书籍具体的摆放位置。

　　就这样，我们相识。几次聊天过后，也就得知她曾为了跟男友结束异地恋，毕业后去了男友所在的城市。可是没过多久，他们分手了。

　　后来，她一个人拖着行李，头也没回地来到了上海。爱得洒脱，放得也洒脱。

刚来上海的那段日子里，最苦的时候是一个人在地铁里啃着面包哭，身边没有一个熟悉的人，仿佛下一秒这个世界就会将自己遗忘。

但你一定要相信，那些难熬的日子，只要你挺过去了，就都会过去。她没有放弃，挺了过来。

如今，她在上海有了一份稳定的工作，租了一间自己喜欢的房子。偶尔，会约着朋友一起看看书展，看看电影。做自己喜欢做的事，变成自己喜欢的模样。生活上的负担也在逐渐地减小。

我们都知道，日子很难，但不会一直难，也只是难一阵子而已。我们常说，我要努力变成自己喜欢的样子，我相信，我们是真的想。因为，我们不想自己比别人差。因为，我们都想按照自己的方式生活下去。

我希望，你在经历过坎坷之后，依旧会相信生活。

我希望，你在看透生活的无奈之后，继续选择不焦躁、不抱怨、充满勇气和信心努力地生活下去。

我希望，你无论过成什么样子，也不要放弃生活。


我知道，有时候你会很无助。我也知道，在大城市举目无亲的你，有时候真的会很累。

可人生的路就是这样，总是会有很多未知的东西在等着我们，我们都想要跟别人不一样，也都想要自己过得好，不让父母担心，成为他们的骄傲。

既然如此，也就只能选择用努力来证明自己可以。而你的每一分努力，自然是不会亏欠努力的你。

　　做一个努力的人吧，不畏惧苦难，不害怕孤独。用真诚和理解来对待生活，对待努力的自己。

## 真正的努力，是不动声色的

你要知道，你想要的东西，从来都不会从天而降。你只能努力，才能拥有自己想要的奇迹，你也就在逐渐地成长和变好。

前几天，工作间隙，跟一位作者好友聊天。我问他最近在忙什么，整天都看不见个人影。

他说："哎，苦啊，忙了一夜到现在都还没睡呢？"

当时，在手机另一端的我一脸惊呆，说："不是吧，这么拼？我知道，你最近在忙着弄自己的课程，但怎么忙成这样？"

他说："忙课程是一回事，我还有很多事要做啊。"

我继续说道："你真的很努力，我自愧不如。"说完，心里一阵感慨。

果然，真正的努力，是看不到、摸不着、不动声色的。而那些，不动声色的努力，总是给你带来意想不到的惊喜。

之前，在看最新一期的《最强大脑》时，有一个参赛选手让我印象非常深刻，是一名年仅十二岁的初中生。在淘汰赛的时候，每一位参赛选手都会有一个VCR视频介绍。

这位参赛选手在VCR里开始的时候说，从小就是学得比别人要快一点，不用花太大的心思在学习上。

视频中，她的同学说："她的成绩基本上是前五起步，最高第一。"接着，有一位男同学说："她一周不学习，她都能考那么好，反正，我是没有看到她怎么努力。"随后，几个同学围在一起笑着说，羡慕嫉妒。

这时候，视频立刻播放了小姑娘自己的画面，她笑着说："那是因为，我在家里自学。"这句话，让我印象深刻。

因为，一个人的努力真的不是我看见你在学习，你在刷题，你在看书就叫努力。而是，背后默默地付出。真正的努力，从来都是不动声色的。

在台上，这位年仅十二岁的小姑娘淡定，从容，心态极好。最后，她成功晋级。她的顺利晋级，少不了她背后的努力。

看完这段比赛，我不由回想起，我的一位发小秀秀。秀秀，跟我一般大，从小学习就好，典型的别人家的孩子。她的成绩好，可以说在我们村里都是出了名的。大人夸赞，小伙伴羡慕。

从小学开始，我就跟随父母前往了南方城市生活。对于秀秀的记忆，就一直停留在了小时候。

以至于，在读小学、初中的那几年，我对她的印象都是很模糊的。但我的父母，却很清楚。在父母眼里，孩子读书期间的成绩，会习惯性地被拿出来做比较。在父母身边的那几年，不论是每一次的考试还是平常的学习，他们都会经常说，听说，秀秀学习很好啊，每次考试都是班里数一数二的。而且，她还经常帮助家里干农活，都没花时间来学习，人家每次考试都能考得那么好。你啊，要加把劲。

那时候，我对父母的话半信半疑，心想又没看到怎么会知道呢？直到，读初三那年，我转学回到老家后，我才真正地了解到，秀秀是真的很努力，而且，她的努力是你看不到的。

初三是住校制，那会儿，每逢周末秀秀回到家里，依然是一边学习，一边帮助家里干活。我在学习的时候，她在干活。我不学习了，她依旧在干活。我常常笃定，她肯定是忙到作业还没有来得及做，考题还没来得及刷，单词也还没有来得及背。

谁知道，等到我们一起回学校的时候，我问她时，她都很有自信地说，完成了。我问秀秀："你明明一直在帮家里干活，你哪有时间写作业啊？"

秀秀笑着说："晚上啊。我晚上会学习到很晚，而且，在学校的时候，学习、看书、做题时间会有很多。"

那时候，我才明白。秀秀之所以有那么好的成绩，不仅是因为她聪明，还有就是她一直在不动声色地努力。也能够体会到，村里人为什么总是说，看不见秀秀学习，却总是看得见她的好成绩。

其实，像秀秀这样的例子，在我们每个人的身边还很多。年少的时候，不够成熟的思想、认知和格局限制了我们的想象力。以为，只有看到一个人在努力学习的时候，才叫努力。但其实啊，努力不一定要看得见。

我记得，大二准备计算机考试的时候，因为，我们专业课没有相关课程，我便只能在校外报了课程，参加考试。那段时间，不去校外上课的时候，我就抱着考题试卷跑到自习室去刷题。

有时候会跟同学一起，有时候是自己一个人。有一次，上午学校课程结束后，班上一位同学突然跑来问我："你下午要去自习室学习吗？"

我当时很惊讶，开心地回答说："去啊，你也去？"

同学点点头说："下午一起啊。"

可是，当我和同学一起进入自习室学习时，我却看到她一边翻开书，一边拿着手机在那里拍照，微信、QQ不间断地聊着。

后来，从自习室出来的时候，我在QQ空间看到同学发布的动态和底部的评论，不禁感慨，有些努力，也只是感动了自己罢了。

一个人可以不努力，但千万不要把自己的努力，变成自欺欺人。这种努力，不仅不会给你带来好的效果，反而会让你心里很虚。因为，当你需要的时候，你拿不出任何结果。

畅销书作家李尚龙说过："看起来每天熬夜，却只是拿着手机点了无数个赞；看起来起那么早去上课，却只是在课堂里补昨天晚上的觉；看起来在图书馆坐了一天，却真的只是坐了一天；任何没有计划的学习，都只是作秀而已，任何没有走心的努力，都只是看起来很努力。"

所以啊，千万别让自己只是看起来很努力。

我们这一生，都跟努力脱不了关系。但我们要学会的是，把努力变成一种习惯，变成一种不动声色的习惯。而不是为了晒晒朋友圈，向好友们炫耀自己的行为，才去努力。

　　《生命中不可承受之轻》里有这样一句话："我们常常痛感生活的艰辛与沉重，无数次目睹了生命在各种重压下的扭曲与变形，'平凡'一时间成了人们最真切的渴望。但是，我们却在不经意间遗漏了另外一种恐惧——没有期待、无须付出的平静，其实是在消耗生命的活力与精神。"

　　人的一生说长不长，说短不短。努力是一个过程，自我提升和进步的过程。当这个过程，逐渐变成一种习惯和常态的时候，你会发现，你时刻都在进行着自我完善。

　　我们千万不要把自己的生活、自己的努力当作是一种消耗。我们要把努力当成习惯和不动声色的成长。

　　所以啊，趁时间还来得及，去努力吧。哪怕，你在空闲的时候多读一本书，多交几个朋友，都是在为自己的未来做储备。

　　你要知道，你想要的东西，从来都不会从天而降。你只能努力，才能拥有自己想要的奇迹，你也就在逐渐地成长和变好。

## 你要敢和别人不一样

人的一生，说长不长，说短不短。你不要活成别人那样，你要按照自己的意愿来生活，去做自己喜欢的事，爱自己喜欢的人。这样，你才能拥有跟别人不一样的生活。

大学刚毕业的那会儿，大家都在急着找工作，往各大网站不停地投递着简历。每个人都是愁眉苦脸，生怕找不到工作。唯独小敏一个人在那里不慌不忙地做着自己的简历，当寝室里已经有好几位室友接到面试通知的时候，小敏还在做着简历。

这个时候室友问她，小敏你怎么还在做简历啊？大家都接到面试电话了，你不急吗？

小敏说，我要把简历做点不一样的啊，多展示出自己的优势特色啊。

室友懵了，继续说，我们都才刚毕业，哪有什么履历好展示的啊？简历能有什么不一样啊？模板套套不就行了吗？

小敏没有说话，继续做着自己的简历。

一个月后，室友虽然面试了好几家，但都没有通过。这个时候，小敏已经接到了录用通知书，还是一家世界五百强公司。

这个时候室友说，小敏你真幸运，能够找到这么好的一份工作，我要是有你这么幸运就好了。

小敏说，不是我幸运，而是我在一开始做简历的时候，就跟大家不一样啊。我们要做的不是把简历做好就行，这样的简历太多了。我们要做就跟别人不一样的简历，让面试官一眼就看到亮点呀。

现在小敏依旧在那家公司上班，薪资职位也是在逐渐地上升。工作上每一件事情，都要求自己做好充分的准备。

我们常常说，我们要做最独特的那一个才能被别人看见。可是，当到了一定的时候，好像大家都会容易忘记。就像刚毕业的时候，也许我们都一样，都在忙着找工作，在各种网站投简历。

但其实，当你静下心，好好地安排，去准备，去做一份完美而不一样的简历，你的胜算才是最大的。


我相信，很多人都听过东施效颦的故事。

西施是越国的美女，倾国倾城。不管是举手投足，还是音容笑貌，每一样都叫人喜爱。

西施永远都是略施粉黛，衣着朴素。走到哪里，都有很多人向她行注目礼，并且惊叹她的美貌。

西施患有心口疼的毛病。有一天，她走在街上，走着走着心口疼的病突然犯了，她马上用双手捂胸口，眉头紧锁着，流露出一种娇媚柔弱的病态美。当她从乡间走过的时候，乡里人没有一个不睁大眼睛看的，一边看一边心疼。

这个时候呢，村里还有另外一名女子叫东施。相貌一般，没有修养。平时动作粗鲁，说话大声大气，她每天都在做着当美女的梦。今天穿这样的衣服，明天梳那样的发式，但仍然没有一个人说她漂亮。

这一天，西施心口疼双手捂着胸口、眉头紧锁的样子被东施看见了。而且，她发现西施这样，竟然有好多人看。于是，在回去的路上，她便学起了西施病态的模样，用双手捂胸口，紧皱眉头，在村里走来走去。

谁知道，她这般模样，不仅没有受到村里人的怜爱，反让村里人觉得东施矫揉造作的样子比以前更难看了。结果，村里人看到东施这样，立马把门紧紧关上，躲得远远的。

东施只知道西施眉头紧皱病态的样子很美，却从来没有想过西施为什么美？然后，她以为只要自己也是这样，结果反而变成了笑话。

这个故事其实就是告诉我们，我们每个人都有自己的特点，有自己的长处。不论是做人还是打扮，都不要照葫芦画瓢。因为，并不是别人有的就适合自己，我们要敢于和别人不一样。

人有一种心理，叫作从众心理。简单地说，就是随大流。没有自己的主观意识和想法，别人做什么就做什么。这类人，常常是将自己的想法、做法依附于大众。

上小学的时候，你看到同学有一颗糖，于是，你哭着喊着说，你也要同样的一颗糖；高中了，班上文理科分班，当你看到你自己要好的朋友选了理科，你二话不说也选了理科。

但你始终没有去想，这颗糖到底是不是自己喜欢吃的口味；理科真的是自己擅长的吗？

从众的人，都很容易失去自我的选择和判断，一直都在顺从和接纳别人的东西、观点和选择。

从众的心态是非常可怕的，这样的人没有创新意识。无论在工作还是生活上，都习惯性地拿别人做镜子，按照别人的想法活着。

倘若每个人都想跟别人一样，那就很少有人能特别优秀，特别成功了。

名人之所以能够成为名人，还有一个要素就是他们敢和别人不一样。而这，也是成功的第一要素。

人的一生，说长不长，说短不短。你不要活成别人那样，你要按照自己的意愿来生活，去做自己喜欢的事，爱自己喜欢的人。这样，你才能拥有跟别人不一样的生活。

## 别将梦想搁置，你要去实现它

还记得你的梦吗？

还在奋斗吗？还在坚持吗？

常常会有很多朋友问，在这个快餐式的时代下，还需要坚持梦想吗？在这种压力让人喘不过气的生活下，梦想真的可以实现吗？还要去谈梦想吗？

我想说，可以。

因为，梦想可以引导你一直往前行走，时刻提醒你，你还有一个梦没有完成。不管生活多么困苦，你都不要忘记你的梦。你一定要相信，只要你去坚持、努力，终有一天你的梦想会实现。

上午在家重温了一遍电影《当幸福来敲门》，这部电影，我相信很多人都非常熟悉，这是一部励志题材电影。这部电影其实是根据美国著名黑人投资专家加德纳的真实故事改编。

加德纳从小父母离异，母亲带着他和继父生活在一起。继父并没有给他很多爱，经常虐待他，甚至将他扔进了收容所，遭男人性侵。在这样的环境下，加德纳发誓一定要做一个有钱人。

小时候，年幼的加德纳看到了一场篮球比赛，兴奋地大叫道："他们太棒了！绝对有很多球队愿意为他们支付一百万！"

这时候，母亲鼓励加德纳："虽然你的出身比别人差，但如果努力，你也能像那些篮球运动员那样，赚到自己的一百万！"

母亲的这句话，从此刻在了加德纳的心里。在母亲的影响下，他读完了高中，加入了美国海军，成为一名实习医生，他的梦想是成为一名真正的医生。

二十二岁那年，加德纳成为一名旧金山医生的助手，他也在旧金山成立了自己的家庭，事业一帆风顺。但好景不长，由于美国医疗改革，加德纳这种有经验有技术但学历较低的医疗人员，会逐渐被淘汰。

为此，他不得不放弃成为一个医生的梦想，转行做了医药设备销售员。做医药设备销售员第一年，加德纳的儿子出生了，为了养活妻子和孩子，他每天四处推销自己的医疗设备，也四处碰壁，经济状况越来越不好。

1981年，加德纳二十七岁。在旧金山一个停车场，看到一名驾着红色法拉利的男人正找车位，他说，你可以用我的车位，但你要回答我两个问题，你做什么工作和怎么做的？对方说，我是股票经纪人，月薪80000美元！这比加德纳一年的收入还多。对方还说，做这项工作只需要两个条件：一是数学，二是沟通。

这个回答，让二十七岁的加德纳喜出望外，他决定辞职转行。因为学历低，没有人脉。加德纳花了十个月的时间，在华尔街寻找一份工作，最终找到了一个人，这个人说会给加德纳提供这样一个机会。可是，等加德纳到华尔街后，发现向他做出承诺的那个人，在此前的那个星期五被炒了鱿鱼。

这样一来，加德纳没了工作，没了收入，带着妻子和刚出生的儿子。妻子看着他说："你这是在做什么？"

加上这个时候，加德纳因为没钱支付1200美元违停罚款，车子被收走了，被判入狱十天。噩梦还在持续，出狱后他发现妻子同儿子都消失了，他变得一无所有。

加德纳说，那件事发生后不久，他的婚姻解体，他成为一个无家可归的人。

几个月之后，妻子把儿子带回来交给他。他和儿子一起成了无家可归的人，因为寄宿公寓不允许住进孩子。加德纳需要抚养孩子，不能再住单身宿舍，所以和孩子一起被迫流浪街头。

这个时候，加德纳已经二十八岁，为了给孩子生活，加德纳要比以前更加拼命地工作。人在困境的时候，只要身怀希望，就一定会成功。

加德纳终于顺利进入一家公司上班，从实习生做起。因为公司只有一个转正名额，为了能够顺利转正，他需要与二十出头的实习生竞争。他每天送儿子去幼儿园后，第一个到公司打200多个电话。为了节省时间，加德纳连话筒都不放下，甚至能不喝水就不喝水，因为上厕所太浪费时间了。

实习生没有工资，他依旧没钱交房租，他只能和孩子一起流浪街头，住廉价旅馆、公园、火车站公厕、办公室桌底。有时候，为了能让儿子吃上一顿饱饭，加德纳甚至去卖血。

日子不会苦一辈子，只会苦一阵子。加德纳的拼命和努力有了回报，他终于当上了股票经纪人，事业一帆风顺。1987年他在芝加哥开设经纪公司做老板，成为百万富翁，致力在南非扶贫。

加德纳的成功，绝对不是靠幸运得来的。他说，他之所以能够成功是因为小时候母亲的一句话和后来他儿子说，爸爸，你是最好的爸爸。但其实，加德纳也知道，他的成功是在于自己的坚持，坚持实现自己的梦想，只有坚持下去了，才有成功的那天。

生而为人，我们心里都是装着梦想前进的。困境和挫败会有，但我们不能放弃。如果你心里有梦想，一定要捍卫并且实现它。

正如《当幸福来敲门》电影里所说，你要尽全力保护你的梦想。那些嘲笑你梦想的人，他们必定会失败，他们想把你变成和他们一样的人。我坚信，只要我心中有梦想，我就会与众不同。你也是。


看完这部电影，我想起周星驰的一部电影《喜剧之王》。这部电影，同样也是关于实现梦想。讲述男主人公尹天仇作为一名群众演员一心想要成为男主角的故事。

尹天仇每天都在寻找成为主角的机会，他常说那句：其实，我是个演员。他在心里笃定自己就是主角。就像加德纳一样，从小他就说要成为有钱人。

他们在实现梦想的过程中，一次次地挫败，被唾弃。但他们都没有放弃，并且最终成功。

有人说，《喜剧之王》这部电影里有很大的一部分讲述的就是周星驰自己。的确，周星驰在成名之前，只是一个毫不起眼在无线混日子、跑龙套、毫无前景的群众演员。

他每天都在激励着自己，跟电影里一样，他成功了。而且，无人替代。

其实，当一个人心里，一旦有了目标有了方向之后，真的就会拼尽全力去实现这个梦。

名人之所以成为名人，不是他一开始就有多牛。而是，他肯为此付出行动。他的梦，不只是说说而已。

小时候，老师常常会问我们，你们的梦想是什么？

有同学说，我的梦想是长大当一名医生；

有同学说，我的梦想是当一名科学家；

还有同学说，我的梦想是当个画家。

在那个童言无忌的年纪里，我们的梦想很大。什么科学家、医生、画家等等，好像是那个时候我们特别崇拜的对象。也只有在那个时候，我们才会大胆地去说，我想成为什么。

可是渐渐地，我们长大了，我们变得越发成熟了。但梦想，却变小了。

不再将那些我想成为科学家、医生、画家挂在嘴边，也不再去表达出自己的梦想是什么。越长大，越胆怯，越不敢表达。

我很喜欢王小波在《黄金时代》里说的那句话："那一天

我二十一岁，在我一生的黄金时代，我有好多奢望。我想爱，想吃，还想在一瞬间变成天上半明半暗的云，后来我才知道，生活就是个缓慢受锤的过程，人一天天老下去，奢望也一天天消逝，最后变得像挨了锤的牛一样。可是我过二十一岁生日时没有预见到这一点。我觉得自己会永远生猛下去，什么也锤不了我。"

有时候，我会将这句话对比一下二十多岁的自己，看看现在的自己是什么模样。

二十多岁的我，没有太大的成就，依旧会因为遇到不顺心的事而不知所措，而难过，而焦心，但我也依旧有着很多梦想。我梦想着有一天，我可以不再为生活而担忧；我可以去过着自己想要的生活；我希望自己，可以一直无惧无畏。

我相信，我们每个人的心里都是有梦想的。只是我们都不乐于表达，只能像秘密一样藏于心底。

但你一定要去实现它，用时间打磨它。别将它搁置在心里，要知道一件东西搁置久了，自然也就过期了。梦想，亦是如此。当梦想被搁置久了，那只能是梦。

人的一生就这么长，我们要对自己负责，好好对自己，追逐自己想要的生活，找寻属于你的归宿与生存价值。

# 认清现实，并不是让你放弃努力

谁的人生没有低谷的时期，在你努力没有回报的时候，要认清现实，但请不要放弃。因为认清现实，你就能够找到差距，明白如何去改进；而如果放弃努力，那么你将很难见到好运的降临。

## 对不起，你很穷

我们只有努力了，才能够做到看起来毫不费力。不怕路途遥远，走一步有一步的风景，走一步有一步的欢喜。

下午从嘉兴回来，还没来得及拿出钥匙开房门，房东太太的狗狗就一直在叫，从房间里跑到我的身边来跟我玩。

我心里想着，这小可爱真的是越来越喜欢黏我了，连我回来都知道。随后，房东太太也走了出来，我以为她要准备出去散步遛狗。却没想到，正在我准备跟她打招呼的时候，房东太太说："小姑娘，从下月个开始，我们就要涨房租了哦，涨两百块，我们提前半个月跟你说一下，你考虑一下。"

我说："好的，谢谢房东太太。"

说完，房东太太便抱起了狗关了房门。我转过身，面对还未打开的房门沉默了几秒，走进房间，将背包放在单人沙发上，慵懒地躺在床上看着天花板，心里好不快乐。

不快乐并不是因为房东太太涨了房租，而是因为自己还未达到不去在意，不去纠结涨房租这件事。

心想，你真的很穷啊，你真的很不洒脱啊。不就是两百块吗？你努力工作，你少买点护肤品，少购一次物，多写点稿子去赚钱不就回来了吗？有什么好郁闷，不快乐的？

我在心里这样安慰自己过后，却又是一阵失落。你瞧，真没出息，扭扭捏捏的！

现实啊，总是会在我们毫无防备的时候给你一击，然后告诉你，对不起，你真的很穷。穷得你连接受现实，都需要有一颗随时防备的心。

其实，早在今年年初，当我得知我的两个姐姐在收到房东涨房租的消息时，我就有过预感。毕竟，这两年上海的房价一直在涨。

有几次我在交房租的时候，心里都会有些许担忧房东太太会提及涨房租的事情。果不其然，就在今天，这份担忧来了。对于在外漂泊的我们来说，这是一个让人无奈且现实的问题。

我们都明白，生活不会一帆风顺，即使有过甜蜜的日子，也不过是生活为了安慰那颗无能为力的心。因此，当我们在庆幸的同时，也要做好接受生活给的苦头的准备。

大冰在《乖，摸摸头》里说，请相信，这个世界上真的有人过着你想要的生活。

想起，之前我的一位读者跟我说，她在周末的时候陪好友逛街。走在琳琅满目的商场里，看着那些自己叫不出牌子的店面商品；看着好友想都不想就刷卡买自己喜欢的衣服鞋子的时候，心里很不是滋味。并不是因为羡慕，而是想着为什么自己不可以也像好友这样想买就买？

她问我，为什么会觉得自己很穷？什么时候自己才能有钱，毫不犹豫地去买自己喜欢的东西？

我说，其实我们都很穷。但是，穷，它没有标准。

有的人，就算已经有了几十万、几百万，但还是会叫穷。

有的人，哪怕只有几万块，也会觉得自己已经富有。

穷，不是说口袋里面有多少，而是说心里面有多少。穷与不穷，关键还是看自己，没有谁过得容易。

昨晚，跟两位写作好友坐在嘉兴东街一号单身情歌静吧里，看着台上的歌手一首接着一首地唱。

那时我在想，他们应该也曾艳羡过更大的舞台。而不是在小酒吧里，反反复复地唱。但，到底怎么样谁又清楚。

大部分的人都有一个通病，就是习惯性地去羡慕别人，而容易忽视自己也有让人羡慕的地方。

所以，穷。

穷的定义有很多种，可以是因为没钱，所以穷；可以是因为资历不够，学识不够，所以穷；也可以是因为不够漂亮、帅气，所以穷。

抑或是其他，等等。

但其实，不管是哪一种穷，也都只有一条路来改变。那就是努力。

没钱，我们需要努力工作，寻找更多的赚钱方法。

资历学识不够，我们需要努力扩充自己的阅历，增长自己的见识，提升自己。

不够漂亮帅气，我们需要学着穿衣打扮，装饰自己。

······

"行路难，行路难，难于上青天。"人生的路也是如此，不管哪一条路都难，且"路漫漫其修远兮"。这些路也是漫长的。

毕竟，生活之所以艰辛，是在于步步荆棘，每脚踩下去都是刺，每走一步都会遇到各式各样问题。

我们可以穷，但我们正是因为穷，所以才需要努力，才要去走这条布满荆棘的路。

我们每个人都有自己想要的生活，也都渴望日后，可以不再为了生活而两眼巴巴地盯着物质永无止境地抱怨。

当我们不知道生活会在什么时候转了风向的时候，我们要努力，再努力一点。

我们只有努力了，才能够做到看起来毫不费力。不怕路途遥远，走一步有一步的风景，走一步有一步的欢喜。

## 失败了又何妨，抬起头照样可以走下去

你要相信，人生路上每一次挫败对于我们来说，都是一份历练。最好的自己，永远都是在逆境中成长的。

人生路上，总是会有各种我们无法预料的事情。每前进一步，对于我们来说也都是成长。这条路上，充满无数未知，遇见的都是风景和历练。

不知道，在小的时候你有没有过跟同桌打赌的经历。也许是因为考试打赌；也许是因为体育课比赛跑步打赌；抑或是，谁第一个完成作业等等。

那时候，小小年纪的你和小小年纪的同桌，两个人拍着桌子，双手叉着腰笃定地说，好啊，赌就赌谁怕谁。谁输了，谁请客买零食吃。

于是，为了这个赌约，你开始努力，努力让自己考试的成绩超过同桌，哪怕就一分；在体育课的时候，老师说开始跑步，你会忍不住第一个冲出去，拔腿就跑。不管是不是比赛，只要同桌

认清现实、并不是让你放弃努力

047

在自己的后面就行；老师布置作业，你会第一时间拿起笔写好，抢在同桌前头递交上去。

后来，你发现考试的时候，同桌的分数比自己高；你发现跑步的时候，同桌不知不觉超过了自己；写作业的时候，同桌明明后交，却总是被老师夸奖。

这个赌，你输了。小小年纪的你，意识到自己输了，心里变得不是滋味。拿着分数不高的试卷，躲在房间里哭。

妈妈问你怎么了，你什么也不说，只是一个劲儿在那里抹眼泪。因为，你怕妈妈会骂你考得不好，你心里胆怯地认为，是不是自己就不如同桌了。你的内心，第一次意识到什么叫作打击。

但你并没有因为这样，越来越挫败。你反而在心里告诉自己，不行，下次我一定要超过同桌，我要比同桌分数考得更高，跑步跑得更快，被老师夸赞的次数多更多。

就这样，你一点一点地忘记了自己第一次的失败，也慢慢地超过了同桌。你发现，原来自己是可以的。

你兴奋地告诉同桌，这次我比你高哎，这次我比你快，这次老师夸我了。你看，虽然，小时候的我们不知道输赢真正的意义是什么，也不知道失败是什么。但我们却知道，输了一次，不代表我下次就不如别人。

是啊，失败了又何妨？抬起头我们照样可以走下去。小时候的我们，明白这个道理，但是长大后的我们却忘记了。

人生其实一直是一个在用输赢衡量的过程，我们之所以在乎输赢是因为我们想过得好一点。我们希望自己所走的路，更高更远一点。输赢固然重要，但我们不要跟别人比，我们要做的就是跟自己比。

别人在你的人生路上，只是在告诫你、提醒你，你需要改进的地方有多少，你的缺失又在哪里。

小C高考的时候，成绩不是很理想。高考后的一整个夏天，她将自己关在家里不出去。朋友们来找她出去玩，她也都一一拒绝。有一天，她的父母找她谈话，告诉她，没事儿失败了就失败了，人生这么长，以后失败的事情还有很多，这一次算什么？

小C没有回父母的话，继续在房间里不出门。身边的朋友都以为，小C可能是因为高考没考好，心情不好。父母也没有再多说什么。

后来，小C选择了一所专科学校。刚到大学的那会儿，她站在学校大门口，在心里默默地告诉自己，接下来的时间里，一定要过得很精彩。

学校军训过后，她开始参加社团招新。学校社团的种类有很多，她只选择了两个社团，一个是专升本，一个就是文学社。

进入专升本社团的那天，社团开招新会议。社长要求每个人说说对专升本的理解，四十个人的社团，只有小C说出了专升本的概念。社长问她，你明明才进入大学和社团。你怎么会了解得这么透彻？小C说，因为我高考后就一直在了解这一块，查了很多相关资料，锁定了自己心仪的学校和专业。

社团里的老社员们惊讶于她这样，因为，他们当时也只是在进入社团后才了解专升本这一块。却没想到，新一届的社员里，有人会提前做了功课的。

原来，高考成绩出来后，小C得知自己的成绩只能报考专科时，她一开始的确是将自己关在家里为没考好难过，抹眼泪。她觉得自己接下来的路一片茫然，认为自己对不起父母。直到父母说出，没什么大不了的时候，她开始重新调整自己，在贴吧、网站上了解各种关于专科如何升本科的资料。

她开始将自己接下来在大学的三年时间进行划分，大一该做什么，大二该做什么，大三又如何来进行备考。

也许你会认为，刚刚结束高考就这样，会不会太早，会不会给自己的压力太大。但其实，当你开始意识到自己的问题的时候，在你知道自己输了的时候，你就需要提醒自己想要走得远，就得做好充足的准备。

大一那年，小C一边出入专升本社团，一边在文学社写自己的文章。当身边的人都在为大学生活的时间太过于充足而无聊的时候，她已经找到自己喜欢做的事情。那年，她参加学校征文比赛拿到了一等奖，作品刊登在了学校的杂志报纸上。

大二，小C开始规划自己升本的事情，她锁定了池州学院的新闻系。开始买相关的专业书籍，咨询课外辅导班。当身边的同学都在抱怨，大学时间不足一年的时候，她已经找到了自己接下来要做的事情。

大三，小C退出社团，开始在校外上专升本补习班。不上课的时候，每天早起去图书馆看书刷题。她说，那一年，她仿佛又经历了一次高考。只是这次，她的心态比以前好得多，准备得也比以前更加充分。当身边的人，都在迷茫毕业后要做什么的时候，小C已经为自己选择好了接下来要走的路。

升本考试的那天，小C一个人去参加了考试。考试结束后，她感觉自己的状态比高考的时候好很多。当一个人经历过一次的时候，很多东西也就看淡了。这次她赢了，她成功考进了池州学院的新闻系。

你看，当你意识到自己失败的时候，真的没什么。如果，你从自己失败的那一刻，就不断地否定自己，那么，接下来的路，你真的会越来越怀疑自己。相反的，你把自己失败的那次经历作为一次成长，一次自我督促，你所收获到东西，远比自己想象中的要多很多。


巨人网络集团董事长史玉柱说过，我只承认一次失败。

他为什么这么说？因为他是真正的从谷底爬起来的人。他曾白手起家成为巨富，却又因好大喜功，一夜之间公司倒闭破产，负债高达2.5亿，成为中国"首负"。

听说过史玉柱的人，应该都知道他的这段经历，这是他负债最苦难的一段时期。在跌落谷底后，他虽然消失了一段时间，但他没有放弃。他选择从失败中吸取教训，找到根源，重新出发。他带着旧的团队卷土重来，"脑白金""黄金搭档""黄金酒""巨人网游"开始不断地出现在大众的视野。

东山再起之后的史玉柱，横跨保健品、网络游戏、投资等多个领域，且均取得了巨大的成功，短短几年，即聚集起高达数百亿的身家。所以，史玉柱被称为中国企业家触底反弹、二次创业的典范。

失败不可怕，可怕的是，你不愿去承认自己的失败。不愿意在失败中找到根源，重新站起来。

其实，当你失败了，从选择站起来的那一刻，结果也就在慢慢地改变了。

我们都是带着希望出发的，当一个人要想在社会中立足，最重要的一点就是，要学会正视生活给我们带来的挫败。

我们可以接受失败，但我们不能接受在失败中不成长的自己。我们要做的就是，学会在每一次挫败中，找到自己的问题所在，改变自己，正确地认识自己。这样，问题也就在你前行的过程中，被你一一解决了。

你要相信，人生路上每一次挫败对于我们来说，都是一份历练。最好的自己，永远都是在逆境中成长的。

所以啊，失败了又何妨？抬起头来，照样可以走下去。

## 不嫌弃现在的自己，就是成长

成长的痛苦，有时候也来源于自我的认知与选择。你的认知是什么样，你的选择也就是什么样的。所以，你永远不要嫌弃自己，哪怕现在的你还没有那么优秀。

杨绛先生曾说过这样一段话："我们曾如此渴望命运的波澜，到最后才发现，人生曼妙的风景，竟是内心的淡定与从容；我们曾如此期盼外界的认可，到最后才知道，世界是自己的，与他人毫无关系。"

我们总是很在意别人对自己的看法；总是容易被敏感多疑的心支配；总是认为自己不够优秀，不够努力；也总是，习惯性地在人前嫌弃不那么好的自己。

高中的那几年，我时常跟身边的好友聊自己，我说，我很嫌弃现在的自己，因为成绩不好，因为不够努力，因为不够勇敢等等。

那时候的我，就好比电影《七月与安生》里面的七月，每天安静地上课，安静地下课，宿舍与教室两点一线，是个无趣的人。

时常因为考试没考好，我便默默地低头哭泣。然后，在心里责怪着那个愚钝、笨拙的自己，害怕让父母失望。以为哭过、自责过后心里就会好受一点。然而，并没有，无非就是跟自己过不去。

现在回想起来，我是嘲笑那个时候的自己。嘲笑那时候的无知，那时候的幼稚与不成熟。但我不再嫌弃自己，因为那的确就是曾经的我，真真实实的我。

我的一位老师说过这样的一句话："当我们在这个世界上活得越久，就越容易发现，那些你以为的嘲笑声，其实是自己发出来的，是自己给自己，包括打在脸上的耳光也是一样。你在意别人的眼光，别人未必在意你。你是为自己努力又不是为别人，而我们要做的就是学会内心的淡定与从容。"

我们的人生，都是一步步走出来的，我们所走的每一步路都有着自己的印记。好也罢，坏也罢，你都要接受这样的自己。一个人真正的成长，并不是学会了避开挫败所带来的结果，而是学会了不怕疼痛。


一位大学同学，刚实习那会儿，在一家销售公司做销售专员。做着自己完全不擅长的工作，单纯地以为，无论做什么工作只要认真、踏实就一定能做好。

我相信，很多人对于销售行业都是有一定了解的，作为一名销售人员最关键的就在于口才，把产品特性说出来，赢得顾客青睐。

而这，恰恰是她最不擅长的。

那时候，因为有业绩要求，业绩则与工资挂钩。每次在电话里与客户沟通的时候，她的内心都是忐忑的，因为她觉得自己又要心口不一了。每每这时，她在心里都是鄙夷自己的，嫌弃那个口是心非的自己。

因为不擅长，所以无法推销自己的产品，无法进行吹嘘或者夸赞。这样一来，业绩上的结果自然就可以知道。后来没过多久，她就被公司直接辞退。

生活就是这样，它在教会你如何成长的同时，也正在给着我们一记耳光。这一记耳光让她明白自己并不适合这份工作，也更加让她知道辞退是一件好事，比苦苦煎熬好。

《偶像来了》里面刘嘉玲说："她喜欢现在的自己，因为以前的自己很彷徨，很不自信。而现在这个阶段是她人生中觉得最好的年龄阶段。有丰富的人生经历、阅历、经验，可以通过这些把工作做得更好。但尽管如此，她不嫌弃以前的自己，反而是感谢。"

对于自我的怀疑、对于未来的不确定、对环境的不安，我们都在慢慢地尝试着。只是后来我们发现，我们要做的就是把自己管理好，让自己提升。

当我们朝着自己设定的那个目标不断前行的时候，就一定可以从那种黑暗感当中走出来。只有做到这些，我们才能去享受人生的每一个阶段。


　　前几天，因为自己的粗心导致工作上出现了错误。

　　夜里十点多钟的时候，领导在微信上告诉我，一篇稿件出现了问题，让我立即删除那篇稿件。

　　我当时第一反应就是完蛋了，又出错了。

　　但这次，我比以往更淡定与从容地去面对这个问题。我意识到了自己的错误，我接受了会出错的自己，也不再像以前那样责怪与嫌弃这笨拙的自己。

　　我告诉自己，你什么时候才能改掉粗心的毛病，你真的要仔细啊。

　　成长是一件很奇妙的事情，它带走的不仅仅是时光，还有你曾害怕面对的心底。也意味着那些，你曾经以为不能接受和无法承受的东西，而今可以微笑着接受，也都可以承受了。

　　人生是一场漫无目的的修行，当我们无法接受自己不完美的时候，其实，你已经开始完美了，因为你正在意识到这一点。

　　当你意识到了，你就去努力，就去改变，慢慢地完善就好。

　　成长的痛苦，有时候也来源于自我的认知与选择。你的认知是什么样，你的选择也就是什么样的。所以，你永远不要嫌弃自己，哪怕现在的你还没有那么优秀。

## 慢一点，你所追逐的才能赶上你

我们也曾抱怨，为何自己会如此差劲。不是你差，而是你走得比较缓慢。我们所走的每一步，都是一个新的起点，这一个个起点连接成我们一生的轨迹。

当我，正在为刚结束的会议上领导新增加的工作任务而烦恼的时候，我收到了读者江北北的私信消息，确切地说，是我收到了她在微信后台给我的留言。她说："五月微凉，我在找工作，越换工作越没有方向，不知道怎么办，好烦躁。"

看到这则消息的时候，我并没有做出及时回复，因为，我正在为自己繁重的工作而烦躁。我怕我的情绪会影响自己的回答，会给她带来不想要的答案。

正式回复江北北的留言消息是在晚间九点多钟，打开微信后台，她给我的消息已经不仅仅这一条，我想，她应该有太多的困惑，我便逐条读取逐条回复。

"我在智联招聘投简历。"

"你可以根据你们当地的市场选择合适的网站进行投递简历。"

"为什么上大学兼职的时候不会觉得岗位不适合我？"

"大学的那会是兼职，现在的是工作，不是大学能够做得好，现在也做得好。"

在我实习的时候，我身边也有一些同学曾这样说，原来在学校兼职所能做的，毕业了并不一定会做。是啊，我们都曾以为，只要在学校能够做的事情，出了校门我们依旧可以，我们却不曾想过，那只是兼职啊。

"你毕业多久了？"

"马上一年。"

"那还好。"

"我招聘网站都刷了好几遍了还是没有理想工作，很迷茫。"

"不要撒网，你要给自己一个定位，确定好自己想要从事的行业，然后逐一浏览再投递简历。关于迷茫你要知道只要我们活着就一直会有迷茫，就看你自己怎么走出来与用什么样的姿态来对待。"

同江北北聊到这里，我一直在想，我与她交流是否能够帮助到她？还是说，她仅仅只是想要一个人给她一点想法，我猜想大概后一种可能性会更大一点，她需要的是能有一个人给她一点建议，给正在毫无头绪找工作的她一点方向。

两年前，刚毕业的我，正如此刻的江北北，我应该会比她更糟糕一些。或者，也可以说，我们每个人其实没有一刻不处于一个迷茫的阶段，迷茫就像是一团迷雾，让你烦恼让你烦躁。但是，我们要学会找到使你迷茫的根源，这样便会拨开云雾见天日。

那时的我，满怀着所有的热情，投入到找寻工作当中，简历满天飞似的投递着，当时，脑子里面只有一个想法就是：我要快点找到工作。只要有合适的我就去，一个劲儿地往前走，结果可想而知，一塌糊涂。以至于，现在朋友们常常以此作为玩笑话，时常说我是面试大神。是啊，那段时间，我重复着失业找工作，找工作失业，所面试的公司自己都已数不过来。

前不久，我在《所有的苦难都是最好的安排》这篇文章里面所写的内容就是自己从实习到毕业的大致记录。现在，我还是会回想那段经历，在我为快节奏的生活而乱的时候，我会重新把这篇文章拿出来看，提醒着自己，慢一点。

一路走来，绕了很多弯路，每当我身边有刚出来实习、毕业的同学朋友或者如江北北一样的人，跟我说着她的迷茫与不安的时候，我都很希望自己可以帮助到他们，不是说有什么实质性的帮助，而是把自己所经历的告诉他们，让他们不要偏离自己的方向。


"你说我要再找不到工作先找个兼职吧？"

"不要急着去找，有时候你需要慢一点，才能看到自己想要的，你所追逐的才能够赶上你，如果觉得没有头绪，你可选择休息一段时间，放空自己。"

"真的可以吗？不想经历这些不好的。"

"没事的，当你强大起来以后，你会感谢这段时光。"

"好的，谢谢。"

当你陷入一个不安的状态的时候，你一定要把自己调节好，让自己的节奏缓慢下来，给自己足够的时间思考。江北北说，如果找不到工作就找个兼职先干着。两年前，在我被工作的事弄得毫无方向的时候，我也曾这样想过。那时候，也曾告诉自己，实在不行就随便找个兼职糊弄过去算了。

可是，我不甘心，我不甘自己就这样。那会儿，有很长一段时间，我独自走在城市的街角，站在繁华的街道看着川流不息的人群，问着自己为什么会如此失败，付出的没有一点回报，所在的城市为何就没有我的立足之地。然后，就是一场大哭，看不见任何人，只有自己。

一年前，一位好友在即将毕业的时候也曾问过我："要毕业了，不知道选择什么样的工作。"

当时，我的回答就是："不要为了找工作而找工作，也不要胡乱去选择，不要因为一腔热情就快速做出决定，反而偏离自己想要的，慢一点。"

其实，到现在我还是会想，如果当初在刚毕业的时候，我没有把自己逼得那么紧，把自己的节奏放缓慢一点，是不是会好很多，也许，现在我正在做着自己喜欢的工作，也不至于走了很多弯路。

但是，与此同时，我却很感谢那段经历。就像，我最后告诉江北北一样，日后当你回想起自己这段迷茫不安的时光，及如何一步一步解决的时候，会很感谢这样的经历。因为，所有的迷茫与不安将会练就内心强大的自己，坚持下去就会遇见光芒万丈的自己。

我们都曾在那些稚嫩的岁月里无比坚信着，只要努力就会有收获，其实不是每一次努力都会有收获，都能拥有自己想要的答案。并不是每一步路走起来都会一帆风顺，生活不是一蹴而就。但是，为了每一次的收获你都要加倍努力。要知道，风雪再寒冷，冬天再漫长，都无法阻止温暖的回归。

我们也曾抱怨，为何自己会如此差劲。不是你差，而是你走得比较缓慢，我们所走的每一步，都是一个新的起点，这一个个起点连接成我们一生的轨迹。

我们只有经历了起步时的艰难，才能产生飞跃嬗变。不要畏惧，所有的结局都是一个新的开端。到头来我们便会发现，那些所谓的不安、迷茫、挫折就像是一个杯子，一开始，里面是空的，之后，要看你怎么对待它。如果你只往不如意不好的方面想，那么，你最终只能得到一杯苦水。如果你往好的方面想，那么，你最终会得到一杯甘甜的清水。

我们不是机器，我们不可能一直不停地运转，就算是机器也会有停歇的那一刻，所以，有时候慢一点，会更好；慢一点，你所追逐的终究会到来，并追赶上你。成长不就是这样吗？

## 所有的人生低谷期，熬过去就好了

生活偶尔也会是森林，我们都会迷路在这森林里，但你千万别因此放弃寻找走出来的方向，即使日子再难熬，你也要相信，一切都会过去，走下去就对了。

你是不是也曾在深夜里痛哭过，然后，你发现原来越长大越不敢哭出声音；你是不是也曾一个人喝醉过，希望用酒精麻痹自己所有的烦恼，然后，却发现越醉越清醒；你是不是也曾在街头呐喊徘徊过，然后，你发现自己像是迷路了一样不知道该往哪里走。

人生本就是一条布满荆棘的路，越走越孤独，越走越难走。于是，总会碰到那么一些我们死撑的日子。

刷知乎的时候，看到一个帖子说："你生命中最难熬的那段时光是怎样度过的？"看着帖子底下各不相同的评论，不禁让人湿了眼眶。

那些文字一段又一段叙说着自己难熬的日子，仿佛像是一幅幅画呈现在自己的眼前。我知道，每个在这条帖子底下评论的人，都有着说不完的苦涩。

虽然，这个世界本就不存在什么感同身受，但你一定要相信，当你觉得生活难熬的时候，一定有人跟你一样，正在经历着一段又一段难熬的日子。

印象中最深的一条评论说：

刚上大学不久，母亲在一场意外中去世，那段时间，我不知道自己是怎么熬过去的。每天都在数着日子，告诉自己其实妈妈一直都在。当我以为，我会慢慢走出来的时候，女朋友劈腿，我们分了手。

分手那天，我喝了很多酒，也吐了很多。那一刻，我哭得撕心裂肺，仿佛所有的悲伤都要在那一刻倾泻而出。我开始怀疑，为什么自己这么憋屈？为什么所有的不好，都降临在我的身上？后来，我开始封闭自己。可我发现，这样我更难过。我开始跑步，一开始拼命地奔跑，再后来慢跑。跑掉所有的悲伤，所有的不快乐。慢慢地，我熬过去了。现在回想起那些日子，我真的很想抱抱那时候的自己。

看完这条评论，原本鼻子酸酸的我，一不小心哭出了声音。虽说，这些并非自己所经历，但好像能够感受到悲伤。

生活总是在我们没有任何防备的时候，习惯性地给我们一拳。像是在用这些磨难教会我们成长。告诉我们，别怕，熬一熬总会过去。

有一年，去绍兴的高铁上认识了阿凯。他带着棒球帽坐在我的旁边，看上去要比我大很多，一开始我以为他应该是一个在社会上混了很多年的人。等到我们因为互相询问何时到站而熟悉后，得知他不过才比我大两三岁，工作也才一两年。

生活还真是容易变得沧桑，谁知道阿凯经历过什么。

那时候，我已经毕业一年，对未来依旧迷茫，去绍兴是因为刚辞职，想找个地方散心。

阿凯问我，来绍兴是做什么？

我说，散心。

他说，我也想散心啊，我这次是出差。

一路上我们聊得很愉快，兴许是我们在对陌生人的时候，都容易敞开心扉吧。我们聊到各自生活、工作的状况。

阿凯问我，工作是做什么的？我说，无业游民。

阿凯一开始愣了一下，他后来说认为我那时候是在故意保持警惕心不说。为此，我还大笑着说，我没必要警惕啊。

我同样问阿凯的工作，阿凯说自己在上海创业，开了一家工作室，每天忙成狗。抛开忙成狗这一概念，我对敢于创业的人是有好感的。因为，在我的概念里，我一直认为创业需要勇气。一旦失败便什么都要从头再来。

如果这个世界上真有说什么来什么的话，我宁愿自己不曾说过这句话。我说，创业万一失败了怎么办？

阿凯说，能怎么办？从头再来呗。

就在这句话过去不到一年，阿凯的工作室面临着长时间接不到单而亏损。最后，不得不关闭工作室。

跟阿凯熟悉之后，我们也只是微信上偶尔聊聊天。得知阿凯工作室关闭也是看到他的朋友圈的动态才得知，他说，撑不下去的时候，真的很想大哭一场啊。

起初，我以为阿凯是工作室业务太繁忙压力太大的原因。于是，便随意在底部评论说，创业的就是不一样呀，哈哈。在评论发出去不到一分钟以后，阿凯便找我聊天说，苦难的人生啊。

看到这句话，我还在以为是业务繁忙，继续说道，自己当老板就是不一样呀。

阿凯发来一个哭笑不得的表情，然后说，工作室关闭啦。

当时的我，为自己所说的话而懊恼不已。

就在我正想说点什么的时候，阿凯已经发来一段话，他说，有时候的确很难熬吧，如今负债累累，不敢跟家里人说，每天睁开眼都在想着如何把债还了。那种拖欠别人的感觉，还真是不好受。

跟阿凯细聊过后得知，其实在绍兴那次过后，他的公司业务已明显减少。工作室里的合伙人熬不过去业务的压力，选择退出。加上阿凯是第一责任人，工作室所拖欠的资金全部压在了阿凯身上。他四处借钱还债，信用卡刷了一张又一张。日子仿佛一下子，让他看不到头。那段时间，对于阿凯来说，生活好像并没有眷顾他，甚至是遗忘了他。每晚失眠，所有的事情像一堵墙压在了他的身上。

在微信这头的我，看着阿凯用文字一遍又一遍地说着他的难事。我仿佛看到了，那个每到深夜在床上翻来覆去不能入眠的他。

生活有时候就像是一坛酒，一开始让我们醉在其中，慢慢地又让我们在醉中孤独，醉中难熬。

可我们能怎么办？等酒醒吗？不，我们不能等。我们要在煎熬中，一步一步地拉着自己往前走。

那次聊过之后，阿凯像是突然间蒸发了一样，消失在朋友圈。朋友圈动态一直停留在我们聊的那天。

当面临生活难题的时候，我们通常都会选择一个方式，那就是消失。在心里认为，只要消失了一段时间，问题便可以解决。

有一次，我主动找阿凯聊天，以朋友的身份关心他的境况。

我问阿凯，最近如何了？

阿凯说，一切都好，在调整自己，赚钱啊。没办法，苦难的日子还是要熬下去。

工作室解散后，阿凯将自己关了一段时间。然后，便出去找了一份工作。因为自己有创业开工作室的经验，便在新的公司独立带团队，工资自然不差。

但那些欠债的压力还在阿凯身上压着，不上班的时候，他找了一份兼职，接私活。他说，那次失败之后，他的生活里只剩赚钱了。每天都是赚钱，赚钱。

他感觉自己像是一匹脱缰的野马一样，每天都在拼命地奔跑。他不敢懈怠，不敢停下来。就这样，过了八九个月后，阿凯还清了欠债。

他在朋友圈说，只要活着，我还是可以熬过去的。

你看，谁不是一边死撑，一边拼命熬下去的。永远不要认为自己是不幸的，在路上，我们都一样，会受挫，会经历各种磨难，会哭，会笑。我们要比别人更有毅力地走下去，走出阴霾和不好过的日子。

"生活像场夜宴，但是十面埋伏"，用"夜宴"和"十面埋伏"的字面意思，组词成句说明生活的不容易。面对生活的不易，我们要随时做好应战的准备，一旦跌倒记得爬起来。

生活偶尔也会是森林，我们都会迷路在这森林里，但你千万别因此放弃寻找走出来的方向，即使日子再难熬，你也要相信，一切都会过去，走下去就对了。

## 爱上不完美的自己

我们没有必要去浪费时间跟自己的不完美纠结和斗争，我们要学会用正确的思维和认知看待自己的缺点，接受它，然后真心实意地改变。

如果，现在你问自己一个问题："我满意现在的自己吗？"我相信，十个人里面有九个人会说："不满意。"

有人会嫌弃自己工作不行；有人会嫌弃自己没有钱；还有人会嫌弃自己长得不好看；等等。

接受不了自己的缺点，这是一种自卑的心理。这样的人，会一直在自己不完美的情绪里挣扎，也会一直反问自己，为什么总是过得不如意，找不到满意的工作，存不到钱呢？为什么长得不好看呢？等等。

这样的负面心理，若是你找到了答案还好，找不到答案的话，你会一直纠结、挣扎，以至于影响自己的心情。

你一定要知道，生活已经很不容易，没必要跟自己的不完美过不去，你要学会接受并且改变它。倘若，改变不了，那你就要去接纳，就像你接纳自己的完美一样。

你要知道，你没有想象中的那么糟糕，别人也没有你想象中的那么美好。生命中遇见的一切都请你温柔以待，包括你自己的不完美。

我们活着的目的，在于我们所存在的每一秒，每一个当下。而这些，都需要我们去感受，去拥有。

我曾在一本书上，看到过这样一则寓言故事：

一位农夫有两个水桶，他每天用一根扁担挑着两个水桶去河边挑水。其中有一个水桶有一道裂缝，因此，每次农夫挑水到家的时候，这个有裂缝的水桶总是会漏得只剩下半桶水，而另一个桶却总是满满的。就这样，日复一日，年复一年，农夫每天只能从河里挑回家一桶半的水。

每当这个时候，那个完美无缺的水桶总是为自己的完美而得意非凡，而有裂缝的水桶则为自己的缺陷和不能胜任装满一桶水的工作而羞愧。

两年后，有一天，农夫在河边像往常一样挑着水，这时候有裂缝的桶终于鼓起勇气向主人开了口，它说："主人，我觉得很惭愧，因为我这边有裂缝，一路上漏水，你每次只能担半桶水到家。"

这时候，农夫笑了笑，回答说："你注意到了吗？在你那一侧沿路都开满了花，而另外的一侧却没有花。我从一开始就知道你有漏洞，于是，在你的那一侧沿路撒了花籽。我每天担水回家的路上，你就给它们浇水。两年了，我经常从这路边采摘鲜花来装扮我的餐桌。如果不是因为你所谓的缺陷，我怎么会有美丽的鲜花装扮我的家呢？"

农夫说完，有裂缝的水桶笑了，它终于能够接受自己的缺陷。

这虽然是一则寓言故事，但其实，我们每个人都好比那只有裂缝的桶，每个人都具有这样或那样的缺点与不足。

倘若，我们一直能够怀有一颗包容的心，懂得发现自己的长处，并且能够扬长避短。那么，我相信，我们的生活一定会变得轻松愉快，也很容易得到满足。

小倩是我大学校友，她常常说，我很爱现在的自己，我觉得我跟别人没什么不一样。我可以认真生活，认真呼吸；我可以去做自己想做的事情，并且做得很好。

小倩骨子里有着北方人的豪气，爱喝酒。小时候，小倩生了一场病，导致长大后走路无法跟正常人一样。但她并没有认为命运对待自己是不公的，她也没有认为自己身体上是有缺陷的，她一直在积极地生活着。

大学实习那年，很巧合地跟小倩进入了一家网络销售公司，我进公司的那会儿，小倩已经在公司里上班有几个月了，在我们新职工面前算是老员工。部门总监在向我们介绍小倩时，也总是称赞说，你们都要向小倩学习，积极乐观向上。而且，业务能力极好。

因此，在进入部门实习后，小倩一直带着我。那会儿，我一直觉得小倩不是一名刚毕业的学生，而更像是已经在职场上经历很多年的老员工，干练、成熟、稳重。

有些人就是这样，骨子里一开始就有着一股你所看不到的劲儿。就像领导所说的，小倩业务能力极好。她几乎每个月都会签单，一签就是好几单。并且，能够让客户连连夸赞。

每次看着小倩面对签单的客户，向他们淡定、从容地介绍公司的产品项目时，她脸上的自信是我们所没有的。她从没有因为自己的行走异于常人而自卑，反而比常人更加自信。因为她知道，生命中的每一个瞬间，都可以成为改变自己的开始。她也知道，真正有能力、完美的人，从来不是先天具有的。

有一次，我因为连续几个月工作业绩都不理想，在下班回去的时候，约着小倩一起，想询问她的业务技巧。我问小倩，你是如何做到每个月都能签单的，你真的很厉害。

小倩说，不是厉害，首先，你要有自信，再者就是跟客户交流的时候，让对方感受到你的真心。感受到你是真的在帮助他，不要为了签单而签单。

小倩说完，我没有继续说话，一直让自己去体会她话里的道理。要知道，生活中，每一个出现在我们身边的人，都一定会为我们带来影响，也会告诉我们一定的道理。

随后小倩继续说道，你不要因为自己没有签单就对自己没有信心，感觉自己不如别人。你要爱上自己任何时候的样子，千万不要觉得自己比别人差，或者跟别人不一样。你要知道，我们都一样。

我明白小倩的意思，那时候的我自愧不如。我们同一时间走出校门实习，但她却早已褪去了学生时期的稚气，将自己踏踏实实地放在职场、社会人这位置上。她自信的模样，她工作的样子，她跟客户交流的样子，真的很美。

毕业之后，我就离开了那家公司，小倩还继续在那里奋战。偶尔，会看到小倩在朋友圈分享着生活、工作。她一直都在让自己前进着，也让自己保有一份自信，这份自信是我们所拥有不来的。

前不久，看到小倩在朋友圈晒了自己的结婚照。照片上的她，比任何时候都要幸福。

在人生这条路上，在行走的过程中，我们每个人都不可能完美无缺，也没有谁是十全十美的。

我们没有必要去浪费时间跟自己的不完美纠结和斗争，我们要学会用正确的思维和认知看待自己的缺点，接受它，然后真心实意地改变。

从来就没有谁的一生是一帆风顺的，每个人都会经历坎坷、困难、挫败。我们会快乐，会痛苦，会感觉自己不如别人。可是，当这些思绪来的时候，我们要对自己宽容和接受，要相信自己没有什么不可以。

生活本来就是泥沙俱下，同理，也是鲜花和荆棘并存。我们要学会尊重生活本来的面目，接受自己的任何模样。

所以啊，如果你觉得自己不完美，那就学着接受它吧。爱上不完美的自己，改变能够改变的，接纳不能改变的。因为，生命的目的就在于接受、在于感受、在于拥有。也只有这样，你才能把自己该走的路走好，该做的事做好。

## 生活已经这么难了，你总要原谅一下自己的软弱

面对生活的艰难，有时候你有没有想要放弃。

我相信，一定会有那么些时刻，我们都在否定那个故作坚强的自己。

加班回来的出租车上，透过车窗看着深夜灯火阑珊的上海，心里莫名地涌现出悲伤的情绪，眼泪不自觉地往下流。这种心情是突然的，没有任何缘由，自然也就说不出个所以然。那一刻，好像全世界都将自己抛弃了，我只剩下自己。

出租车师傅大概是听出了我吸鼻子的声音，笑着说："怎么啦？工作累啊？"

我笑着拿着纸巾擦鼻子说："没事，就是觉得有点苦。"

出租车师傅哈哈大笑说："没事啊，想哭就哭呗，反正我们又不认识，而且生活本来就很难啊。别说你们年轻人了，我们年纪大的都认为难。"

当出租车师傅说出这些话的时候，我心里是温暖的。因为

他的那句想哭就哭，反正我们不认识，也因为那句生活本来就很难。好像，那时候我们是同路人。

虽说，听起来是很直白的话语，其实是一份安慰，也是在告诉你，生活真的很难，偶尔软弱一下也没事。

在生活中，大部分的时候，我们一直在跟自己死磕。我们好像可以接受别人的软弱，却一直在告诉自己要坚强，不能懦弱。但其实，有时候我们真正需要安慰的是自己。

《一代宗师》里叶问说过："我见过了高山，才发现最难过的原来是生活。"

是啊，大概没有什么比生活让人觉得更难的吧。既然，生活已经这么难了，偶尔听听自己真实的内心吧，原谅一下不那么坚强的自己。

毕业以来，我习惯性地用自以为是大人的角度来要求自己，常常会把自己逼得很紧。像是在自我意识里形成了两个我，一个我拿着鞭子不断地催促着另一个我，恨不得一下子就可以到达自己想要的高度。为此，有时候我不敢停下来。

去年，有一段时间我过得特别焦虑，经常会失眠。我是一个失眠特别严重的人，一旦预感到没有睡意，整夜便翻来覆去。不管数多少只绵羊，都没有任何作用。

那段时间，刚好是我辞职待业在家。因为是裸辞，心里也就更加着急。每天都在担忧自己接下来要走的路，看着身边朋友们越来越好，而自己与他们相反，心里的落差感不断加大。每天投递着简历，每天将自己安置在繁忙里。

朋友问我："你真的想好自己新工作要做什么了吗？"

我摇摇头说："我好像很迷茫。"

朋友继续说道："你不迷茫才怪。你看你，明明才刚辞职，你都不给自己休息的时间，就在不停地找，你总得喘口气吧。"

我下意识地停下手边的事情，陷入了思考，我默认了朋友所说的话。不得不承认，旁观者清，当局者迷。

很多时候，我们都不愿意去接受自己的不行。之所以会这样，是因为压力，来自生活的压力。总认为，别人过得比自己好，自己过得很糟糕。其实，哪里有什么别人比你过得容易，大家都不容易，我们只是习惯性地去看待别人的好罢了。

所以啊，当你累的时候，想哭就哭吧，哭出来始终是比憋在心里强。生活已经这么难，又何必跟自己过不去呢？

前不久，一位读者在微信后台给我发了三个字：失恋了。

我回了一个抱抱的表情过后，对方发来了一长串的诉苦。倾诉着这段感情里，自己是如何不容易，对方又是如何狠心。

看着读者的消息一条接着一条的，我只能一句一句地说着："没事的，会好的。"

然后，她又说道："自己真的很想大哭一场，可我不敢让室友看到自己的软弱，也觉得没必要因为这段感情把自己弄得可怜兮兮。"

我说："想哭就哭吧，哭出来就会好很多。"

她说："笙箫，你觉得自己过得好吗？"

那一刻，我倒是有点想哭了。

我觉得自己过得好吗？我经常会这样反复地问自己，我过得好吗？答案，当然是否定。

这么多年来，虽说我的生活没有经历过什么大风大浪，但小风浪一波接着一波。有时候，那些生活中的无奈压得自己喘不过气来。只是，在人前的时候，我又装作若无其事，假装自己过得很好。

我们都不愿意去承认自己过得不好，也自然是希望让别人看到的自己是过得很好的。这就是所谓的死要面子活受罪。

我又想起，有一次，一位朋友在微信上问我，你有多久没有真正地开怀大笑过了？你有多久没有痛快地大哭过了？

我当时回答说，笑好像真没有了，哭也是躲在被子里偷偷哭泣。

成长总是让我们猝不及防，措手不及。为了成长我们总是在束缚自己，不敢开怀大笑，不敢大声哭闹。因为，我们总是在不断地告诉自己，我们长大了。

有时候，我也在怀疑，为什么长大了，所有的一切都要变得不动声色？这是真的所谓的成熟吗？还是我们只是不愿意去面对那个不怎么讨喜的自己？

我特别羡慕我的朋友H，一个不会亏待自己的姑娘。这里的亏待并不是想干什么就干什么，想要什么就有什么。而是，在她那里，想哭就哭，想笑就笑。

有一次，我们出去逛街。她和男友闹矛盾，两个人在语音里一直争吵不停。突然，H蹲了下来大哭起来说："不想谈了，不想谈了，太累了。"

那一瞬间，我整个人不知所措，一时半会儿不知道该如何是好。只能呆呆地站在她旁边，用手拍拍她的肩膀说："没事的啊，没事的啊，你别哭。"

H说："不行，我要哭，不然太憋屈了，我为什么要委屈自己不哭？再说，谁说哭出来就是不坚强了，我不能跟自己过不去啊。"

H说完，让我有点哭笑不得。但不能否定的是，H说的话并没有什么毛病。我心里明明不好受，为什么要为难自己，不把悲伤释放出来？

是因为我们接受不了软弱的自己？还是我们认为，好像只要哭出来就是在认输，对自己的软弱认输？

是这样吗？并不是。

理想很丰满，现实很残酷。生活中，我们常常会说，我好像变成了那个自己曾经讨厌的人。但你有没有想过，我们为什么会变成自己不喜欢的模样？因为，我们都在拼命地生活着，也一直强忍着，用自我以为很强大的心理硬撑。

我们都不愿意去接受那个一事无成、平庸的自己。所以，我们不得不拼命地往前走，往上爬。之前，听到这么一句话，你故作坚强的样子，真让人心疼。是啊，我们都有血有肉，我们习惯性地故作冷漠。以为这样我们就可以强大无敌，以为这样就可以是最好的自己。可是，真的是这样吗？有没有静下来听听真实的自己是如何想的？

我相信，一定会有那么些时刻，我们都在否定那个故作坚强的自己。生活已经很难了，累了就停下来休息一下，给自己放个假，给心放个假。想哭就哭出来，让自己发泄一下。也别把自己逼得太紧，我们都没有办法成为自己真正喜欢的模样。人的要求、人的欲望都是在不断地加大的。

生活已经很难了，别总是为难自己，也别总跟自己过不去。偶尔，安慰一下软弱的自己吧。你既然可以强大起来，那么，也可以软弱一下。抱一抱自己，告诉自己，辛苦你了。

努力的路上，有些困难你要独自扛

每个人都会有一段孤独的时光，如果你想要变得优秀，这段时光就是炼金石，能够激发你的思考，挖掘你的潜能，让你变成那个优秀的自己。

## 要么孤独，要么庸俗

时间太仓促，我们要学会停下来与自己独处，学会享受孤独。在享受孤独的过程中，与它为友，与它做伴。

叔本华说：要么孤独，要么庸俗。

国庆假期从黄山回来后，我将自己一个人关了三天。除去下楼吃饭与晚间散步时间，大部分的时候我都是处于独处的状态。

我不知道你有没有过这样的感觉，某些时候想要一个人独处的时间多过想要一群人在一起的时间。其实我很喜欢也很享受这样的时间，只有自己，无须去顾及他人或者在人前伪装、注意些什么。

例如读书、写文的时候我习惯一个人。因为这时候我可以尽情地去胡思乱想、去狂躁不安、去天马行空。写作是孤独的，也是需要这样的孤独的。就像有这样的一句话："创作一定是孤独的，是关于一个人如何存在的状态。"

在这三天里，我用一天的时间在微信读书里读完了刘若英的

《我敢在你怀里孤独》。这本书是看到朋友在读，便好奇打开而读。这本书收录了刘若英的长文自白、她与朋友的对白，探讨独处与相处的关系。

在书的序言部分张嘉佳说：一个人身上会有很多标记，却又不停转移，如同季节轮换，看起来周而复始，其实一春有一春的花，凋零和生长层层累计出现在的样子。自己很难知道，别人用目光雕刻出来的你，如今是什么容颜，但这些并不重要，我们终将明白，失去和收获相加，才是完整。

我们每个人就像千万个不同的个体，虽然各不相同却又有着千丝万缕的关联，或喧嚣，或静谧，或悲伤，或欢喜。

我不知道我是从什么时候开始习惯一个人独处的，也很享受那样的状态。我第一次接触独处是在读小学二三年级的时候，除去周一至周五需要在学校上课的时间，节假日里父母便会将我和弟弟锁在家里。

一来是因为他们需要工作没有时间照顾我们；二来是因为觉得我们年纪太小，在陌生的城市害怕我们会走丢。

那时候弟弟还小，锁在家里的时候我会先把他哄睡着。于是，剩下的时间便是我一个人自娱自乐。小学的时候我很喜欢劳动课，尤其是手工制作。所以每当这个时候我会一个人按照书上的步骤来制作小手工，时间久了便很喜欢父母给我这样的独处时间。

但那时候我并不懂得什么叫作独处，只知道我喜欢那样安静的环境。就像卢广仲在刘若英《我敢在你怀里孤独》这本书里提到的这样一句话：小时候说不出独处的感觉，后来才明白，只有周遭没有人类的存在，才让我感觉自在。

是啊，一个人的时候才是最自在的状态，独处也是一种状态。后来我亦喜欢独处，也习惯性地独处，但我始终觉得自己并不懂得如何独处。

我独处的状态是混乱的，有时候会安排好自己一个人独处时所需要看的书、写的文、做的事。有时候我则是想到什么就做什么，想写就写，想读就读，想玩就玩。

从黄山回来后的这三天，每天早上起床玩会儿手机，然后出门吃早点，然后回来又自娱自乐一会儿，或看书或写文或与好友线上聊天。中午晚上亦如此。

虽说看上去很有规律，可是这样循环性的独处方式又会让自己觉得很是乏味。所以我是一个并不懂得如何独处，正在慢慢学会独处的人。

在书里刘若英提及一个人的旅行也是一种独处的方式，且是一种完美的独处方式。这让我想到三月里我一个人去了一趟绍兴，那种感觉真的很好。

我相信很多人都有过一个人旅行的经历，一个人走在陌生的街头看着陌生的景点、陌生的面孔，虽然脑海会有些许的担忧，但你会在心里为自己这样的一种独处方式而感到骄傲与欢喜。

你也会在这样的一个旅程中找到适合自己的角度和欣赏风景

的姿态。一个人的旅行我喜欢边走边记录下所看到的风景，包括看到某一处景所想到的话语。

常说，懂得孤独的人，才能学会孤独。

当我们能够发现自己是孤独的时候，我想这是一个较为好的状态。因为这时候你可以告诉自己要强大起来，要学会适应这样的状态。

独处的时候，我也问过自己，我在什么时候最孤独？我想那大概就是伤心难过的时候，失去的时候，想家的时候。人本就是天生的矫情，我并不否认我是一个矫情的人。

理查德·耶茨在《十一种孤独》里面也说过：孤独是生命里必有的黑暗，它无法穿越，也不可战胜。

所以我们要学会与自己独处，要与独处产生的情绪平静地共处。懂得孤独，这样才能享受孤独。

最后引用一句卢广仲的话：当你学会独处，就不会轻易感到孤独，自己与自己之间其实有很多事可以做，可以忙，不需要靠别人来知道自己的状态。可以自在处在孤独里，绝对是一种幸福。

## 总有一些路，你要一个人走

总有一些事，需要你一个人扛。生活从来都不是用来妥协的，别畏惧孤独，别躲避困苦。

很多人都说，衡量一个人成熟的标准，在于慢慢地看透了社会的喜怒哀乐，懂得了如何权衡利弊地处事，学会了将自己隐藏起来，能够在人来人往中淡定自如地去应对。

但其实，一个人真正的成熟在于，在一个人的日子里，也能够将自己照顾得很好，生活得很好。一个人可以熬过所有的难关，走好每一条难走的路。

阿强是我的大学同学，毕业后就来上海打拼。他原本计划着在上海打拼三年，然后回老家找一个女朋友结婚。不需要太有钱，日子能过就可以，一屋两人三餐四季。

刚来上海的那会儿，阿强租住在1000块钱一个月的隔断房里，生活上过得也很拮据。

为了改善生活，他每天拼命地加班，常常到深夜。凌晨走出公司大门已经成为一种习惯，有时候甚至就在公司办公室将就着睡了。

为此，公司的同事都说，阿强太拼了，完完全全地不给自己留点休息的时间，一心只想着工作赚钱。

但阿强知道，他之所以这么拼，不过是为了可以让生活好一点，可以多给家里寄点钱回去。所以，再累，他也要坚持下去。

半年后，阿强搬离了隔断房，与别人合租了一个两室一厅的房子。生活慢慢好转，但需求也在逐渐加大。

后来，在同事的介绍下，阿强玩起了投资。刚开始做投资，效果很好，收益也不错。阿强看着还行，投入的资金也越来越多。

只是，任何投资都有风险。你永远没有办法预料，下一步将会损失多少。阿强亏了，在他毫无防备之下亏了，他再次地住起了隔断房。

因为投资失败，身上的资金所剩不多，时常是吃着上顿没下顿。每天依旧会拼命地加班，也开始在周末做起了兼职，像个马达，一直不停地工作着。

他说，那段子真的挺难熬。尤其是当家里问，生活怎么样了，还好吗？他只能笑着说，一切都好，放心吧。

我们每个人都会经历这样的时刻，以为自己长大了，我要拼命地努力，我要向父母、向所有人证明自己过得很好。可是，后来才发现，我们也只不过是在硬撑，因为生活真的很难。

我们这一生，总有一些路需要自己一个人走，总有一些关，需要独自一人去闯。那些让我们越来越强大的，都是我们咬着牙度过的日子。没人陪伴，没人安慰，没人支持，没人关心。熬过去了，就是人生对我们的馈赠。然后，你会发现自己真的变得越来越强大了。

好友小雅和初恋分手的时候，大醉了一场。分手是男方单方面提出，不论小雅怎么挽留，最终也都无济于事。

一段感情的结束，终究会让人心痛。尤其是，当对方已经结束了他们两个人的爱情时，小雅还一直沉浸在其中，没有办法走出来。每天晚上，她依旧会去翻看对方的朋友圈，从第一条翻到最后一条；也会反复听着两个人之前的语音，想象着还没分手的样子，越翻心越痛，越听越难受，越痛也就越难走出来。

小雅一次又一次给自己希望，给对方期望。想着，过一段时间对方还是会回来找她，她以为他们曾经爱过的痕迹不会轻易被抹掉，她以为他们还相爱着。

可是事实呢？事实是，对方早已牵起另一个人的手。爱情啊，要碎的时候真的只是一瞬间的事情。

人啊，有时候只有彻底死心，才能自我痊愈。看着对方在朋友圈晒着与另一个人的合照，小雅这次没哭，将这个人从自己的好友列表中删除了。我爱你的时候，可以很用心地爱你；我不爱你的时候，我也可以彻底放开你。

小雅将自己从这段感情中抽离了出来，她逐渐明白，从他们分手的那一刻，她都是那个不愿醒来的人。等到她真正想清楚的时候，她就在慢慢地愈合心里的伤口了。

她开始去做自己想做的事情，规划好自己的时间，运动、阅读、学插花。她说，她好像慢慢地找回了曾经丢失的自己。那个因为爱情，而忽略的自己。

我一直认为治疗失恋的方法并不是重新爱一个人，而是彻彻底底地难过一次，哭一次，然后，熬过心痛，重生了。

那么，这时候，我终于可以承认，我不爱你了，我也就真的放下了。

我知道，你也一定经历过这样的日子。一个人熬过失恋的心痛，一个人在夜里哭，夜里醉，夜里做着一个不愿醒来的梦。我也知道，即使是这样，你依旧可以把自己照顾得很好。

《哆啦A梦：伴我同行》里面有这样一个片断。大雄长大了，于是，哆啦A梦走了。大雄哭着说："你为什么要离开我啊？"哆啦A梦说："总有一些路，你要自己一个人走。"

大雄以为哆啦A梦会一直陪在他的身边，但他不知道，其实，哆啦A梦也有自己的生活要过。就像我们走在人生的这条路上，会遇到很多形形色色的人。我们也许会并肩走一段路，但不会一直走下去。人与人之间的陪伴都是短暂的，只有自己才能陪着自己。

在这条路上，我们会跌倒、会哭、会难过、会失望、会沮丧、会气馁，如果你不强大一点，又该如何熬过去？那些孤独无助就像一面墙，反弹给你的，往往就是你自己的模样。

总有一些事，需要你一个人扛。生活从来都不是用来妥协的，别畏惧孤独，别躲避困苦。

　　梵高说过："每个人心里都有一团火，路过的人只看到烟。但总有那么一个人能看到这团火，然后走过来，陪我一起度过。"所以啊，在还没遇到能够陪你一起走的人之前，你要让自己的内心更强大。

　　独自一个人的时候，要学会鼓励自己。那些走失在你生命里的人，也别去打扰，学会释然，相互祝愿在各自的人生路途中，收获属于自己的精彩。愿我们都能在各自的生活里，熠熠生辉。

## 谁不是一边流泪，一边成长

后来，就算大哭我也不再害怕。因为，我知道，我正在一步步走向成熟，一步步靠近自己所追逐的未知。

成长的路上，我们都一样，年轻又彷徨，孤独又迷茫。没有谁的生活过得容易，也没有谁的人生之路走得轻松，每个人都是边走边成长。

二叔是我在上海第一家互联网公司的同事，之所以叫他二叔也是工作中脱口而出。却没想到，这么一叫就是两年。

前几天，跟二叔在群里聊天，想着可以在年底一起约出来聚聚。二叔说，我现在忙死啦，忙着房子装修，忙着照顾孩子和老婆，没时间聚啦。

我们几个人在群里，虽然是各种嫌弃二叔的时间被压榨得干干净净，但更多的是为他高兴。二叔过上了自己想要的安稳生活，有家庭，有房有车。虽然有压力，但他说，已经很知足了。

不过，你要知道，没有谁的生活一开始就是过得好的，谁都在泥泞中挣扎过。二叔就曾在泥泞中挣扎过，他偶尔还会跟我们开玩笑地说，感谢那些苦难的日子，让我如今幸福不已。

二叔大学毕业的时候和女友一起来到上海工作，那时候，上海对于他们来说，是新颖，是激情，更是两个人共同的以后。两个满怀炙热的、强烈的爱的人，心里装着满满的期待，对这座城市的期待，对未来生活的期待，更是对他们之间爱情的期待。

来到上海后，他们租住在浦东的隔断房里，虽然拥挤但温暖，二人世界也就此开始。不久后，二叔成功应聘上一家医疗公司的网站推广，女友则在外贸公司做着业务。两个人每天一起上班、下班，生活算不上好的，却很甜蜜。他们约定好，在上海打拼两年后就回老家领证，成为真正合法的夫妻。

二叔很宠爱自己的女友，每天早上都会早起为女友做好早点，然后牵着女友的手一起上班。下班了，二叔就让女友在公司等他去接她一起回家。回到家里，二叔就下厨做两个人的晚餐，两个人你一口我一口，日子过得很是惬意。好像所有的一切，都在按照两个人勾画的蓝图进行着。

然而，好景不长。

没有谁的生活是在一帆风顺中进行的，在公司工作一年后，医疗行业发展趋势受阻，二叔所在的医疗公司因为业绩下降，不得不进行裁员。公司一大半的员工在不动声色、毫无防备的情况下被公司辞退，包括二叔。被辞退后的二叔，内心受到了打击，要知道在上海这座城市，每天都面临着压力，一旦失去工作，压力便会随之加大。

被辞退后，二叔找了将近两个月的工作，都没有找到一份满意的。原本二叔和女友两个人的工资加在一起还勉强凑合着生活，可是，二叔丢了工作后光靠女友一人的工资是一件艰难的事情。二叔认为是自己在拖累女友，情绪开始变得消沉。时间久了，两个人之间的矛盾也就随之加深了。从以前每天的欢笑变成了后来的每天争吵，生活一下子朝着相反的方向发展。

那年冬天，二叔的身体突然变得虚弱，感染了风寒一度发烧难好。也正是因为生病，他错过了一家公司的面试，躺在床上身体像是被什么东西压住一样无法动弹，头疼欲裂。为此，女友再次跟他争吵，说他整天在家不出去找工作。二叔无力反驳，由着女友的谩骂声在耳边回荡。

原本二叔以为女友会和以前一样，骂过几句就好。却没想到，这次，女友拖着行李箱站在自己身边说，对不起我要离开了，真的累了。

二叔不敢相信自己听到和看到的，他希望一切都是自己的错觉。他很想从床上爬起来拉着女友的手，告诉她不要走，告诉她一切都会好起来。但他，实在是太难受了，身体没有半点力气。就这样，二叔眼睁睁看着女友离开自己，还没有办法去拉她。

那一刻，他感觉自己的心碎了，也死了。他哭了，一个人拖着病恹恹的身体痛哭着，他觉得自己一点用也没有，生个病都能成这样，自己还能做什么？

那段时间，二叔一直卧病在床，每天喝着白开水、吃着泡面。就这样，在没有开灯的隔断房里度过了一周。他满脑子都是不真实，不相信那个曾和自己说要一起走下去的女友会离开，不相信自己会变得一无是处。那些日子，他无数次在深夜里失眠，他可以很清晰地听见自己的呼吸声、心跳声，是那么急促。好像心跳只要再快一点，他就有可能跳着跳着就此睡过去。

　　二叔说，那段时间他倒是希望自己可以睡过去，因为这样，他就不需要面对现实带给他的伤痛。多少次从梦里醒来，那现实的生活将他吞没。他怎么也没有想到，生活、工作、爱情会在忽然之间变得一团糟。

　　二叔能怎么办？他终于接受了，也承认了。接受了现实，承认自己的懦弱。当他走出房间，上海冬天的阳光打在他的脸上，没有人告诉他，他该往哪走，没有人告诉他接下来该怎么办。他只能任由自己的脚步带着自己在小区里一圈又一圈地走着，耳边像是有另一个自己在告诉他，你真的不能再这样下去。

　　人总是在经历中长大，而能够使自己变得强大的也只能是自己。二叔忽然明白，这仅有的几个月里生活发生了翻天覆地的改变，让他措手不及。他没有办法去怪谁，要说怪也只能怪自己。他想尽快结束内心的煎熬和痛苦，他想让自己走出阴霾。而过去的，就都交给时间去淡化。

　　二叔在和我谈及这些的时候，我也曾问过他。我说，你会恨你的前女友在你无助的时候离开吗？

　　二叔说，当他生病躺在床上，看着女友离开的那一刻心里是恨的，恨她的决绝和狠心。甚至，这辈子都不会再原谅她。可是，当自己走出房间的时候，所有的恨意好像也消失了。他不怪女友的离开，毕竟那段时间的自己的确很糟糕。同时他也明白，有些人只能同甘，不能共苦。

生活总是很戏剧化，也不会时刻按照我们的意愿来，成长是带有苦味的，不经历过困苦的成长，不叫真正的成长。

那之后的二叔，逐渐调整了自己，先是回到老家待到过完年，规划了一下自己接下来要走的路。年后便回到上海，将自己一切归零，应聘上了一家互联网公司，认识了一些新的同事、朋友。生活开始一步步步入正轨，也在同学的介绍下认识了现在的妻子。

去年他们结婚，并且有了孩子。今年，他们又在上海周边买了属于自己的房子。日子虽然算不上富裕，但一切还算过得去。

二叔说，现在压力是不断剧增的，车贷、房贷、养孩子、养家。但我知足了，有他们在我也很安心。而过去呢，也就过去了。

是啊，我们总是要长大，即使过去的一切再美好、再苦不堪言也都将会随着时间变成虚无。我们都要在磨炼和坎坷中，不断地成熟，不断地成长。

你一定要相信，没有谁不是一边流泪，一边成长。不管过去有多美好、多艰难，一切都会成为过去，你要做的就是走好当下的路。

如果，此刻你正在经历着痛苦、磨难、挫败、失意，你要坚强、勇敢地走下去，熬过去。因为，只有熬过去了，你才知道自己到底能走多远。如果，你已经经历过这些，那么，你要好好沉淀，记住那些日子。因为，那些不好的日子将会告诉你，没有什么过不去。

## 时间会让你遇见更好的人

我一直认为，时间是良药也是最好的契机。时间会带我们走到想去的地方，时间会让我们遇见想遇见的人。

半夜写稿的时候，桌面微信弹出死党橘子的消息，很简单的四个字：我分手了。看到这四个字的时候，正在敲打键盘的双手，下意识地停了下来。心里就像是有预感，知道橘子有一天会分手一样。

看到消息一分钟后，给橘子打去了一通电话，电话响了很久才接通。我猜想，大概是因为橘子正在犹豫要不要接，她应该怕我听出她哭过的声音。果然，电话接通后，橘子哭过的声音还是听得出来，沙哑得让人心疼。

我突然不知道该说些什么，一直嗯嗯哦哦地找话跟橘子聊。尽可能地说一些安慰的话语：分手没有大不了；时间会带你走出来，你还是会遇见更好的人；别难过了，赶快好起来啊。

可是，有些话说多了，也就没有多大的意义了。橘子其实比我更清楚，她需要的不是太多的话语，而是时间。

橘子是个水灵的姑娘，怎么形容她？我总是说她是水，温柔。说话的声音永远轻声细语，做事情永远规规矩矩。大概是处女座的原因，偶尔有点小洁癖。

我总是说，橘子以后有了自己的家庭，一定是个贤妻良母，因为她总是能够照顾好自己的另一半。她知道对方喜欢和不喜欢吃什么食物；她知道对方爱穿什么颜色的衣服；她甚至知道，对方爱看和不爱看什么剧。只要跟橘子在一起，她都尽可能地去了解对方，为对方服务，而不是要求对方为自己做些什么。

你说，这样的好橘子该去哪里找？

可偏偏就是这样的橘子，还是分手了，结束了一段三年的感情。


橘子和男友是在大学开始交往的，交往一年后他们面临毕业。男友家里人想要他考研，而橘子则想出来工作。但为了不异地恋，橘子放弃了去大城市的机会，留在了男友身边工作，一起陪他备考。

男友准备考研的那段时间，橘子为了让男友可以安心备考，不受打扰，用自己原本就不够多的积蓄，租了一室一厅的房子。每天早上上班前，橘子会起来为男友做好早餐，下班后则会买点菜，做好饭跟男友一起吃饭。橘子每天都要保证男友的健康饮食。

我问橘子，这样你不累吗？又做女朋友，又当"妈"的。

橘子说："当你爱一个人的时候，你就不会觉得累了。看着他吃饭你会开心，看着他笑你也想笑。"

行吧，恋爱中的人，眼里、心里永远都只有对方一个人。

但感情的事情，我们是没有办法去把握的。只要有了第一次说分手，就会有第二次、第三次……

橘子和男友第一次闹分手，是在男友考研失利后。那次，橘子得知男友考研失败，一直小心翼翼地呵护着对方的自尊心。谁知道，对方却来一句我们分手吧。

橘子懵了，不知道分手从何说起。

男友给的理由是，考研失败没心情恋爱。这个借口，让我无话可说。都说劝和不劝分，那次，我是真的在忍着劝橘子要考虑清楚，别因为感情而委屈自己。

橘子说："他只是心情不好。"

感情里，我们总是爱给自己找个服软的借口，因为爱你，因为舍不得。


就这样，橘子和男友吵吵闹闹过了一年，也分分合合过了一年。有时候，可以看出橘子是真的累了，笑容也在逐渐地减少。

都说，好的爱情会让人容光焕发。看一个人状态好不好，就可以看出他的感情好不好。显然，橘子是日益消沉的。

我说："橘子，这么好的你，一定会遇到更懂你的人。"

橘子说："给我时间吧，我会考虑清楚。"

这一思考又是一年。

时间是个好东西，让深的东西越来越深，让浅的东西也越来越浅。它会告诉你，你是否真的适合这段感情。

橘子决定跟男友分手，是因为前段时间橘子无意间看到男友跟他考研时认识的研友的暧昧短信。

橘子的最后一道底线，瞬间崩塌。两个人纠缠半个月，终于了断了这段三年的感情。

橘子不明白，为什么自己那么用力地去对他好，对方却选择了背叛。身处感情深处的人，总是容易蒙蔽自己的双眼，错爱一些人。

你一定要记住，在感情里，不论这段感情是好是坏，永远都不要丧失自己的判断能力，要让自己清晰理智地去对待一段感情。

你要让自己成为那个敢爱、敢放手、果断的好姑娘，而不是唯唯诺诺、犹豫不决的好姑娘。

跟橘子结束电话聊天后，橘子在微信上发来一句话，她说："感觉自己轻松了许多，以前总担心这段感情会结束，现在真的结束了，也没什么好怕的。"

是啊，因为我们害怕，所以一直在硬撑。以为分了手，没有了彼此，我们真的就活不成了。其实，哪里会活不成。没了爱情，我们照样可以好好生活着，活成自己喜欢的模样。

我经常会听到一些姑娘说，明明开始的时候，认定这个人就是陪着自己过一辈子的人了，却没想到最后两个人还是分手了。

别怕，分手了别怕。

我们之所以会失恋，会遇见很多人。为的就是找到那个更好的人，值得自己真正托付一生的人。

　　没有什么是绝对的，尤其是感情。所以，千万别因为失恋了，就认为自己遇不到合适的人了。也别因为害怕自己遇到更好的人，而不敢结束一段错误的感情。

　　你只有挥别错误的人，才能和对的相逢。就像人被困在无底洞一样，你只有走出来了，才能看见光和希望。

　　你要好好调整自己，沉淀自己，努力变成自己喜欢的样子。当你优秀了，你遇见的那个人也就优秀了。

　　所以啊，你要相信自己，相信可以遇到真正爱自己的那个人，相信自己值得被呵护和爱着，也要相信时间会让你遇见更好的人。


　　我知道，也有一些人一直在等一个对的人。

　　在等待的过程中，你别放弃。总有一些美好，需要用耐心来换取。总有一些幸福，需要用辛苦来代替。

　　在等待的过程中，你要让自己变得强大、优秀。你要多去经历，开拓自己的思想和视野，心存善意与爱，有一定的高度。你要让自己有更多的机会做出选择，选择一个对的人。

## 你敢不敢从零开始，从头来过

我们都很平凡，我们也都想让自己不平凡。既然，不想平凡地生活着，你只能选择折腾，认清自己想要的，要随时具备归零的勇气和信心。

我记得，电影《春光乍泄》里何宝荣说过这样一句话："不如我们从头来过。"对于从头来过，可以说是爱情，也可以说是生活。但不管是哪一个，它都需要勇气，需要我们敢于放弃和选择的勇气。

去年，公司组织去济州岛团建。这趟团建在语言这一块，让我很受打击，也让我意识到自己的英语真的不是一般的差。

我清楚记得，当我在酒店大厅想要去询问服务员我们的房间号时，我一直在吞吞吐吐地说着自己脑海里尽可能想得到的英语词汇。

说着说着服务员也急了，他并没有明白我在说什么。这时候，同事走了过来，一口流利的英语脱口而出，瞬间解决了问题。

那一刻，我觉得自己弱爆了。

在济州岛的那几天，我没有再开口说英语。好在当地有很多都是国内人，说着普通话。只是，偶尔也要跟当地人打交道，一到这个时候我就不敢开口，只能跟在同事后面，听着她用英语跟当地人交流。与别人的差距，这时候也就显现出来了。

后来，回国后竟然连说一些英语单词都不敢了。因为工作也会跟英语打交道，领导让我读一些句子，我都选择了拒绝。

我知道，这种现象真的很不好，这是在心底排斥和认定自己英语不好这件事。于是，我开始逼着自己学英语。不需要自己的英语口语要有多流利，起码最基础的日常用语和口语表达是要具备的。

于是，我在朋友的介绍下，报了一门线上课程。把自己的英语归零，从最基础的问候开始学。每天学习半小时，哪怕加班再晚，时间再紧，也会留出时间学习，在班级的群里打卡，练习口语。

一个月过后，我发现自己在英语这一块真的有了一些变化。并不是说，我的英语进步了多少，变得有多好了。短时间内让自己的英语变好是不能的。而是，我又敢开口说英语了。

虽然，这样的变化很小，我依旧会在心里为自己高兴，因为我敢把自己归零，重新开始。

在生活中，我们习惯性畏惧和害怕。明明有很多事想做却不敢做，明明有很多人想爱却又不敢爱。总是放在心里跟自己较真，在内心深处一次又一次地挣扎。最后，只能无奈地摇摇头说，就这样吧。

真的只能就这样吗？不，并不能。因为，当你再想起来的时候，这样的模式是一直在循环，那些烦恼也一直在缠绕着你。

而我们，之所以不敢重新开始，不敢归零，是因为我们害怕、胆怯、没有信心。因为，生活真的已经很难了。

但是，将自己归零，重新开始真的很难吗？其实，只要你敢就很简单。

2015年，我做了一个决定，可以说这个决定改变了自己所要走的路，也慢慢地让自己在走上一条想要走的路。

2015年3月，我辞去了刚入职不满三个月的工作，来到了上海。说实话，我为什么选择来上海，我到现在都还没有弄明白。倘若，真的要说一个理由的话，那就是不甘心。我不甘心将自己局限起来，我不甘心自己平庸地生活着。也许你会嘲笑这样的我，不清楚自己有几斤几两。

的确如此，我没有去想自己的能力有多少，我想的是如果我不来上海，多年后我一定会后悔。比起后悔，我还是愿意折腾的。

来上海就是等于把自己归零了，一切重新来过。我开始选择自己喜欢的文字工作，因为没有工作经验，必须将自己归零，把自己当成一名应届毕业生。所以，我所找到的工作，工资并不高。但我很快乐，因为我正在做的是自己喜欢的。

在上海的这一两年，我自认为自己成长得很快，我不仅从事的是自己喜欢的文字工作，还重新拿起了自己丢下了好几年的写作。如果说，我没有重新写作，那么你们也应该不知道有这样一个我。

毛姆说过："我心里渴望过上更危险的生活，我随时愿意奔赴陡峭险峻的山岭和暗流汹涌的海滩，只要我能拥有改变——改变和意料之外的事物带来的刺激。"

我们都很平凡，我们也都想让自己不平凡。既然，不想平凡地生活着，你只能选择折腾，认清自己想要的，要随时具备归零的勇气和信心。


我堂哥，我之前一直不理解为什么他的生活一直处于不断奔波的状态。比如，前几年他去北京学做装潢，做着做着他跑去云南帮别人打工，接着他又跑去贵州自己做起生意来，并且越来越好。

直到有一天，我在朋友圈看他的一条动态说："我总是在归零。"我这才明白他这几年，不断重新开始的原因。

大家都以为，他做事不靠谱，总是三分钟热度。其实，他自己比谁都清楚自己在干什么。他只是敢于从零开始，不断地选择一条适合自己的路去走。

我想起，我的一位朋友跟我说过，我们之所以想要从零开始、从头来过是因为我们不满于现状，是因为自己的生活达不到自己想要的高度。

你说，你不喜欢现在的工作，跟自己的职业规划完全不一样，也不是自己所擅长。那么，你为什么不辞职换一份新的自己喜欢的工作?

你说，这段感情让你心累，让你怀疑和不信任。那么，你为什么不早点选择结束，给彼此时间去寻找对的人?

你说，你心里一直有个梦想要去实现，但无奈现实残酷。真的是这样吗? 是现实残酷，还是你不敢?

如果你想改变，你就得逼着自己去做出选择。迈出你想迈又不敢迈的那一步。别害怕付出了没有回应，别害怕浪费了时间，也别躲在自己内心深处跟自己过不去。勇敢一点，敢于从零开始。

你要知道，人不愿改变的借口可以有很多，比如，我还是不去冒险了，就这样吧;万一从头来过，一无所有了怎么办;熬下去吧，时间久了说不定我就习惯了;等等。

也恰恰正是因为借口，在一步步吞噬着原本具备勇气和信心的你。你心里明明清楚，有些理由只是你为自己找的借口。

虽说勇气这个东西，并非说有就有，我们都很欠缺。但你总不能一直给自己找不愿意去改变的理由，你要知道，你不努力你不愿改变，你只能落后。你只能站在原地，看着别人过着你想要的生活。

所以啊，给自己一点勇气和信心吧。问一问自己，敢不敢从零开始，从头来过。

## 所有的苦难都是最好的安排

现在的你，无论正在经历着什么，希望都可以无所畏惧，咬紧牙关挺过去，将来的你一定会感谢现在无坚不摧的自己，所有不开心的过往，多年以后都是一杯老酒，一饮而下。

我曾经慌张过。

因为相信生命中必须要有裂缝，阳光才能够照得进来，所以我选择咬紧牙关，无所畏惧地走下去。

看到燕子发朋友圈与微博状态是在几天前。我和燕子是高中同学，因为我们初中是在一个学校读的书，高中的时候我们又分到一个班，所以，自然而然地显得比较亲切。

印象中的燕子是个无坚不摧的女生，我没见她哭过，没见她抱怨过生活。可是，这几天我开始在微博与朋友圈中频繁地看到燕子对生活、对现状的抱怨，我发去微信消息慰问，才得知她因为在实习，到处碰壁受挫，对生活现状开始不满意，处于一个迷茫的阶段。

她说："要到什么时候，我们才能被这个世界温柔地对待？"

我说："所有的苦难都是最好的安排，所走的每一步都值得被记起。"

我不敢说，我是否真的能够切身体会她的那个感受。毕竟，在这个世界上，本来就没有什么感同身受。但我可以说，起码我是理解的，我理解她的受挫感，理解她的抱怨，因为我也曾经这样过。

2013年11月，当学校安排我们可以实习的时候，我像个充满动力的马达一样，考试一结束就投入到找实习岗位中，我怀着百分之百的热情找寻着所有可以实习的机会，我忘记了自己的职业规划，忘记了自己才刚考完试而已。我最后找到一份销售的工作，我到现在还清楚记得那是11月下旬初冬的天，那天阳光很温热，我虔诚地相信着这是一个好的开始。

刚进入公司的时候，因为所在部门同龄实习的比较多，自然觉得轻松，可是好景不长，大家开始因为没有业绩而苦恼、而烦躁，当然这也包括我，我甚至一度觉得自己能力不足，但是我却忘了，我并不适合这份工作。

2014年3月公司倒闭，这是我步入社会第一次面临的一个难题。在所有人选择离去的时候，我固执地以为自己应该可以挺过去，起码对我是个考验，现在想起来自己真的是天真得可笑。就这样，后来老板卷款而走，我还傻傻地在等待着自己没有结算的工资。

我了解自己，我是个急性子的人。我哭了，然后安慰自己没什么了不起，起码以后可以多长个心眼。那时候，因为马上临近毕业，加上公司倒闭的原因身上积蓄所剩无几，我把自己逼得很紧，很快又找到了另一个工作，是网络销售。可以拿提成，工资比第一份工资高，起初业绩很不错，但是在毕业后的一个月，有一天销售总监将我叫到办公室，他说："不行啊，你这刚开始业绩还可以，怎么现在都没什么业绩，你干完今天就走吧。"

天知道，我那一刻多想哭，可是，我忍住没让自己流眼泪。下班后，我在公交站放声大哭，那是我第一次在公共场合哭，我忘了周围所有人的存在，我感觉到只有自己的存在，我不知道该如何是好，我开始抱怨生活，抱怨自己的无能，也开始彷徨。

我找不到自己适合什么，我压根就没想过自己可以去做什么，我总是埋着头一个劲地往前走，跌倒了就站起来，站起来又跌倒，然后告诉自己人生需要经历跌倒才可以称得上完美。所有的一切都是最好的安排，所有的幸与不幸都是自己给自己的剧本。

2014年11月份在我干完一份人事的工作后，我选择在12月回家休息，或者说我选择了逃避一阵子。我曾一味地埋怨自己，埋怨那座城市，那时候我甚至觉得上帝应该是看不见我的，不然我不会这么失败。身边的同学朋友都过得越来越好，只有我一直在走下坡，所以我选择逃避，回家学车，远离这座没有我落脚点的城市。

2015年3月，也是在家那段时间我才开始理清自己实习到毕业所走的路，才开始知道接下来该如何走，我选择了编辑，网站编辑，开始与文字打交道，这是自己所喜欢的。但是2015年7月我辞职，来到了上海，所有人都不理解我的决定，我也没有过多地解释什么。

我只知道，我需要一个全新的开始。

其实，我很害怕，我害怕自己所做的任何决定都得不到好的回应。

我来上海已经将近八个月，在一家互联网金融公司工作了近八个月。在我准备从这家互联网公司辞职的时候，我跟身边的朋友说，我准备辞职了，其实我可以猜到他们会说些什么："什么？你怎么又辞职了？""因为不喜欢工作环境，和我所想的不一样，我的职业理念已经被搞得很模糊……"我并不知道在我跟他们说清楚情况后，他们是否会理解，也许会有人理解，也许会有人笑我又丢了工作。或许你也会这么认为，觉得我在折腾。

但是这一次，比起一年前的我，已经学会了释怀，因为，我已无所畏惧。这个世界有着太多的未知、太多的不定因素。

曾经，我拼尽全力想要去让自己变好，现在还是一样，我依旧在努力想要自己变好。

曾经，我多么慌张多么害怕，现在已经不再那么害怕了，也许因为经历过，因为在那些我认为最难熬的日子里我都咬紧牙关挺过去了，现在并不算什么，再怎么苦不堪言的过去，日后都是酒桌上的笑话，人生那么长，我还会经历更多。

曾经，我把自己逼得很紧，如今我不想把自己逼得太紧。所以，离职后我选择一个人出去走了一趟。

不过，我依旧是个典型的天秤座纠结体，写这篇文的前一天收到一家教育机构公司offer的时候，我变得很纠结，这应该是一种空前的不自信与害怕。

我开始询问身边有经验的人，希望他们可以给我意见，我不知道自己是在寻求一种安慰，还是在寻求一个答案。

这之中，我和好友刘教练聊得最多，大概是因为跟教练有着一些相似的工作经历，所以，他说的每一句话我都觉得很中肯，加上之前看他写过的一篇文章《如何确定自己要的究竟是什么》里面就有提到他自己毕业后的工作经历，如何从迷茫走向希望，如何找到自己该做什么，使我更加想要听听他的答案。

与人交流的好处就是，我们可以在别人的身上看到相似的影子和找到一些答案。

所有的苦难都是最好的安排。

如果说，一年前我是个新生儿，那么，一年后的我应该是青少年时期，我还在经历着更多的挫败。

我忘了，在哪里看到的一句话：一帆风顺的不叫人生，历经磨难的才叫人生。我很喜欢这句话，也许这句话，可以成为我的一种自我的慰藉。

一年前，我是那么的迷茫与不安，我曾经一度逃避着所有人，把自己封锁了起来。

我走了很多的弯路，以至于想要做自己喜欢的行业变得很艰难，但我不会去畏惧什么，因为，我现在正在一步一步地靠近自己想要的。我不知道，将来的自己会不会感谢现在的自己，那个经历着所有的苦难都会一直往前的自己。

　　不同的人，不同的人生。有的人一开始就可以很好，有的人要经历万般磨难才会渐渐变好，我属于后者，因为相信，生活中所有的苦难都是最好的安排，所以我无所畏惧，选择继续相信。

　　现在的你，无论正在经历着什么，希望都可以无所畏惧，咬紧牙关挺过去，将来的你一定会感谢现在无坚不摧的自己，所有不开心的过往，多年以后都将是一杯老酒。

## 生命要有裂缝，光才能照进来

你一定要知道，当我们身处逆境的时候，能够帮助自己走出来的只有自己。你要坚信，没有什么能够打败你，生活中所有的经历都是一个过程，自我成长的过程。

2013年12月我实习，2014年7月我毕业。从2013年12月到2014年11月这将近一年的时间，是我开始工作后最艰苦的一段时间。

那时候，感情失意，工作不如意，生活一团糟。

那段时间，最让人糟心的是我的工作换了一个又一个，身边的人都在安心地上班，我却在不断地失业。我一度怀疑，是不是自己真的不适合生存，是不是上帝将我遗忘了。

2013年12月，我刚出校门，从学生过渡到社会人。我内心一半欣喜，一半忐忑。我对未来充满了憧憬和未知，我一心想要自己早点长大，早点成为一个"有用"的人。

何为"有用"的人？就是，我可以变得很有能力，我可以赚很多钱。

可见，当时自己这样的想法，是多么愚昧无知。

那时候，我在学校附近租了房子。满心欢喜，期待自己毕业后的生活。给自己列举了各种生活清单，比如，每天几点起床上班、下班后又做些什么。一切看起来井然有序，实则施行得一塌糊涂。

我的第一份工作是销售，一个自己完全不感兴趣也不在自己职业规划范围内的工作。你一定会问我，那为什么还要去接受这份工作？

为了赚钱。

我以为，毕业就意味着要赚钱，要独立生活。扭曲了所谓的毕业和成长，也将自己所要走的路，无限地拉长和绕弯。

刚进入新公司心里是激动的，想着自己终于要工作了。部门同事全部是跟自己一样刚毕业的实习生，说起话来也是很轻松，有话可聊，有事可做。

一开始，进入新环境大家都是激情满满，都全身心地投入到工作中。时间长了，刚出校门的我们，也就厌倦了。我们完全没有适应从学校到社会这个阶段。

销售主要看的就是业绩，三个月后整个部门的业绩都不好。部门每个人脸上看上去都是压力，但谁也不知道该怎么办。只有每天不停地读着《羊皮卷》，听励志歌曲，看励志视频，不断地给自己灌心灵鸡汤。我们都忘了，我们不适合，我们都在硬撑。

就这样，不到4个月，部门同事陆续走光，而我却不知道为什么一直在死撑着。我好像很害怕失去这份工作，担心自己一旦离职就成了无业游民。我太胆怯，我不敢放弃。于是，我在心里一直告诉自己，不管怎样一定要撑下去，每天不停地给客户打电话，不是被客户骂就是被对方直接挂断。

死撑很好，可有时候死撑就是愚钝。

我熬不下去，是在公司拖欠工资的时候。公司因为业务问题，一而再再而三地拖欠工资。这时候，我才知道什么叫失业。对，我辞职了。

辞职后，我依旧不敢让自己停下来，我生怕自己落后，不如别人。于是，辞职后的第二天，我就开始在网上撒网投递着简历，生怕自己是个无业游民。

很快我找到了第二份工作，依然是销售，这次是网络销售。公司很小，同事里有几个是和自己同校，我找到了亲切感。心想，原来自己还是很幸运的。

却没想过，我到底是不是适合这份工作。我一直忘了停下来，认真思考自己需要什么。

不管做什么事，如果你不准备好，不弄清楚自己要如何去做，结果必然是让自己失望的。

可想而知，这份工作我并没有干多久，我再次失业。

失去第二份工作后，我拎着一袋办公用品站在公交车站，看着来来往往的公交车和人群，失声痛哭了起来。脑海里一直反反复复地骂自己没用，也不愿意去承认自己真的很失败。

我一直在紧逼自己往前走，拉着自己成长。工作不如意，不断的失业，我变成了一个真正的穷人。

走在大街上，看着各种陌生的面孔，大家都在嘻嘻哈哈地微笑着。唯独我，愁容满面。

这时候，我给自己放了一周假。一周后，我再次找了工作，不是销售，也不是自己喜欢的文字类，而是行政人事。

入职新工作不久后，我姐问我，你喜欢现在的工作吗？

我说，我喜欢写东西。

我姐说，那你为什么一直在找与这个无关的？

我说，学历低，没有经验。

我姐说，你只是在找借口。

是啊，我只是在找借口。我从一开始就在否定自己，从一开始就忘记了工作的初衷。所以，我一直不那么如意，干什么都不行，因为不是自己所擅长的。我心里一直都在跟自己赌气，一直不甘心。不甘心自己的失败，不甘心一团糟的生活和工作，也不愿承认自己不行。

不甘心怎么办？

继续一蹶不振吗？继续死撑下去吗？

这些都没有用，唯有改变。


2014年11月，我做了一个决定，辞去刚做不久的人事工作，收拾了包袱回老家学车。给一直紧张的自己一个缓解时期，也让自己可以慢下来思考，自己到底要做什么。

在家学车期间，我开始看书，拿起自己放下的笔开始写作。书看了一本又一本，文字写了删，删了写，不满意的我就重新写，满意的我就自己看。

就这样，那个漫长的冬天终于过去了。

2015年，我来到上海。

我将自己归零，从零开始。慢慢地去找寻与文字有关的工作，做自己喜欢的事，不断地提升自己，充实自己。

这个世界上，从没有什么一帆风顺，也没有什么顺其自然。当你的生活、工作不如意了，你需要做的就是停下来思考。若不是那时候停下来思考，我大概到现在都没有拿起笔，我也不会离开那个城市来到上海从事着与文字有关的工作。

每个人都有自己想要做的事，但不是每个人都能够在一开始就可以意识到这一点。我们需要经历，需要付出，需要不放弃。

经历这个东西，永远都不好老去。成长这个东西，是我们每个人都必须要经历的。我们走了弯路不可怕，可怕的是你一直错误地走下去。不要去期待时间可以改变什么，一个人的改变在于自己，你只有不放弃，告诉自己没有什么可以打败你，你就一直在进步。

人生路上跌倒了不可怕，只有跌倒了你才能学会怎样用自己的力量站起来，重新出发。

如今，来上海也快三年了。我的生活处境一直在不断地变化，偶尔也会无助，也会迷茫。但比起刚毕业时的自己，我已经成长了不少。我不再像以前一样，一个劲儿地只顾往前跑，更多的时候，我在思考。

你一定要知道，当我们身处逆境的时候，能够帮助自己走出来的只有自己。你要坚信，没有什么能够打败你，生活中所有的经历都是一个过程，一个自我成长的过程。

而生命也必须要有裂缝，光才能够照进来。别管以后会如何，走下去就是了，只有走下去你才知道自己能够走多久。

没有伞的孩子，必须更努力地奔跑

奔跑就意味着：不后悔，不埋怨，勇敢地面对，积极接受挑战，对人生充满希望，这是大多数成就不凡者的人生态度。

## 永远不要去羡慕别人的生活

每个人都在演着以自己为主角的人生，在这场戏里，你的角色与戏份没有人能够取而代之，只要尽力而为，你的人生就无怨无悔，自有它的风采。

高二那年，因为羡慕班上同学有MP3，看着他们一到下课就拿出MP3插上耳机悠闲地听着，就觉得很惬意，很放松。而且，下自习后他们还可以一边播放着音乐，一边写着作业。

后来，我在电话里告诉我爸，说我也想要一个MP3，学习压力大的时候，可以拿出来听听当作放松。我爸自然是愿意给我买，而且买的是索尼最新款，那时候喜欢得不得了，到现在还留着。

可是，当我拥有它之后，我发现并没有给自己减少什么压力，需要更新音乐的时候还要拜托班上男同学帮忙去网吧下载，我嫌太麻烦，因此里面的歌听来听去就自己喜欢的那几首。有时候，作业多得都来不及写，更别说是听歌了。所以，等过了新鲜感后，我的MP3有很长一段时间藏在了宿舍枕头底下。

我羡慕学习成绩比自己好的，于是，我也奋笔疾书，大量地做题刷题。可是，我发现不管自己怎么努力都赶不上别人的脚步。

我羡慕朋友圈那些整天晒旅行照朋友的生活，可最后才发现，别人过得未必快乐。

我羡慕你赚的钱比我多，可我发现，你过得真的很苦，为了赚更多的钱，不得不身兼数职，不得不加班至深夜。

你看，人永远都在高瞻远瞩，眼睛习惯性地只去看别人生活中的好，却很少看到别人不为人知的苦楚。这就是为什么我们总是喜欢去羡慕别人所拥有的，却看不到自己所具备的。

大千世界，每个人各有不同，只要你认真观察，你会明白，其实每个人都并不是我们所看到的样子。


昨晚，几个人朋友在群里聊天至深夜。忘了上次群里聊得如此之欢是在什么时候了，只知道我们几个人已经有很长一段时间不曾这样聊过天。

偶尔，也只是通过朋友圈的动态进行互动，各自都在为生活而拼搏，来不及嘘寒问暖。只是，当大家都有时间群聊的时候，你会发现这样的时间真的是很珍贵，你会害怕错过任何一条消息，任何一个值得你去了解的朋友的消息。你也会发现原本那些在朋友圈你所看到的状态，只不过是想要告诉大家，在不愿提及的真实生活状态下，我过得"很好"，真的"很好"。

起初，大家聊起来是因为朋友A在群里发的几张截图，然后，他附上了几句自我娱乐的话语。生活中他就是一个比较幽默的人，你常常会因为他的几句话而发笑。大家也正是因为这几张截图纷纷出来，"死了"很久的群，"活了"过来。朋友A说："A先生我，即将成为百万富翁。"大家开始以此为话题。

"恭喜A先生。""A先生带我飞。""A先生，不错啊。"这样的回复接连不断，其实哪里是什么百万富翁，只不过是A先生又在借此娱乐罢了。这个一直幽默的他时常就是这样，他说："我今年十分不顺啊，这已经是我今年的第三个工作了。"然后附上一个欲哭无泪的表情。

朋友B：正在筹备着自己的婚礼，11月11号准备领结婚证，这无疑就是我们几个朋友中值得高兴的一件事。我们一路看着她，追逐着自己想要的幸福也是来之不易。我曾说她是为爱而生的，没有爱情她应该活不了。现在的她，很幸福，即将拥有自己的婚礼。我们都说："记得早点定下婚礼的时间啊，要不然不要怪我不出席，哈哈。"

朋友C：关于C先生，我找不到一个好的形容词来形容他。我想到"命途多舛"四个字。前年结婚的他，去年荣升为一名父亲，有着一个幸福的家庭。大概，你也会觉得很幸福，但是上帝在为他打开一扇窗的时候，一定会为他关上一扇门。他从南方奔波于大西北，从大西北奔波于东南方，从东南方奔波于大西北，如今又在南方落地开始了新的谋生之路。顶着生活与家庭压力的他，如今也剃光了自己的头发，我们调侃道："不错啊，再无头发的压力。"

其实大家都清楚他的不容易。生来倔强的C先生是一个不习惯跟朋友们诉苦的人，常常将自己的生活状态埋在心里，偶尔几条朋友圈的动态也是关乎家庭。他想要借此来告诉大家，"我很好，我真的很好。"

朋友D：D先生是个十足的为生活而充满干劲的人。一年到头我们几个朋友都觉得他为了生活忘乎所以地拼着，D先生与C先生一样，已经成家。D先生的妻子即将生产，距离家乡"十万八千里"的他每天因为奶粉钱而操劳着，我们常说大概现在只有C先生和D先生有共同的语言与压力，因为他们都在养家赚奶粉钱。D先生说："如果距离家乡较近，我应该陪在老婆的身边，也不至于整天担心这担心那，不过还好，我即将回老家陪着他们。"

是的，我一直觉得无论多忙，当你的家人需要你的时候，你一定要在身边，给予你能给予的力量。只是D先生，又要多了一分操劳。

一整晚大家都在感慨，感慨着自己也感慨着他人。我已记不清上次他们发朋友圈的状态是在什么，我只知道都是愉悦的，我只知道我们几个人已经很久没有这样聊至深夜。我们从一个笑脸开始，到一个哭脸结束。最后每人一句的晚安，都是给彼此最好的祝福。

聊天结束后，我又将我们几个人的聊天记录从头翻看一遍，看着他们每个人说的话，每个人的生活状态，大家都在用力地跑着。不管身上的担子有多重，即使压得自己喘不过气还是在拼命地跑着。

　　生活中的那些不容易就好像是自己在给自己挖坑，这个坑是好是坏只有自己能够决定。我们行路那么艰难，往往不是欠缺努力而是浑身长满了我们喜欢、但是生活不喜欢的刺。只不过为了前行，我们只能强忍着痛，时间久了，自然就被打磨平了，也就不那么疼痛了。


　　前不久，在朋友圈看到一位好友发着不同地方的旅游照片。后来询问才得知，她哪里是在旅行，只不过是在干着每天起早摸黑的导游工作，累的时候不能休息，休息的时候又要准备下一个景点的行程。

　　每天还必须要背熟那些景点的介绍，提心吊胆，生怕出一点问题，她不仅要对自己的工作负责还要对游客负责。那些让人艳羡的旅游照片只不过是工作的一种需要。

　　我们常常在朋友圈看着好友们的动态，然后嘀咕着，现在的谁谁谁过得真好，每天都是天南地北，其实真实的到底是什么样子，谁又清楚？

　　我们隔着朋友圈羡慕各自的生活，当我们揭开那些生活的真面目才发现，哪有那么容易，谁都过得不容易。毕竟我们之间，隔着朋友圈的距离。

　　生活并不是要过得多惊天动地，才叫作精彩。每个人都在演着以自己为主角的人生，在这场戏里，你的角色与戏份没有人能够取而代之，只要尽力而为，你的人生就无怨无悔，自有它的风采。

永远都不要去羡慕别人的生活，即使那个人看起很富足。你所看见的，并不是他们人生的所有过程。你羡慕的只是他们的光鲜外表，却很少看到他们光鲜背后的辛苦和努力。

也不要轻易去评价别人过得幸不幸福，即使那个人看起来孤独无助。因为，你没有经历过他的经历，你就无法去揣测，事实也未必是你看到的。

每个人都有自己的生活，如人饮水，冷暖自知。过好自己的生活，才是最重要的。

## 一辈子那么长，要学着欣赏自己

很多时候，总觉得一辈子的路很短，短到我们害怕来不及爱一个人；后来觉得一辈子其实很长，长到我们可以一个人走很久，然后遇见同路人，一起并肩而行。

这些年，我们都曾慢慢地习惯一个人走一段漫长的路，走走停停，没有路灯，没有行人，没有树木，只有自己形单影只；

这些年，我们见过太多的悲欢离合，见过太多下一秒就不再牵手的人儿，爱情也好友情也罢，曲终人散；

这些年，我们其实早已习惯一个人，一个人习惯着一个人。

阳光从云层中穿透，直射在身上暖暖的，草坪上躺着、坐着的都是踏春的行人，有一个人的，有一群人的，各有各的欢乐。坐在草坪不起眼的地方，背靠着树木拿出铅笔与素描本，自娱自乐地勾勒着，戴上耳机，这就是我的一整个世界。

电话响起的时候，已是十一点多，原来我沉浸在自己的世界里已有两个多小时，是阿K打来的。声音显得有些许的哽咽，瓮着鼻子，我猜测应该是在哭泣，询问得知是在哭，阿K说她跟她喜欢的那个男孩表白失败，原因就是男孩觉得和阿K太过于熟悉，一直把阿K当作好哥们。一向很汉子的阿K一下子脆弱了。

要说到阿K与男孩，他们是真的太熟悉了，简单地说他们可以称兄道弟。阿K在跟我说她决定去表白的时候，我就猜测成功的可能性不高，也曾劝过阿K慎重考虑。阿K说她看到男孩的时候，仿佛就像是看到一道光，指引着自己走每一步路。他们相识五年，他们曾经以哥们的名义一起走过一段很长的路，一起旅行，一起游玩，一起逛街，一起看电影，一起互相安慰彼此鼓励彼此。看，这多么像恋爱，当阿K觉得他们是可以在一起的，他们是有爱情的，鼓起勇气大胆去表白的时候却以失败告终。

见到阿K的时候，她黑眼圈浓重，一看便知道是彻夜未眠的那种。阿K说："失败了啊，还是失败了啊，哈哈，居然失败了。"强颜欢笑的阿K虽然阳光直射着她的脸颊，但还是会让人心疼，我抱住阿K说："哎哟，有什么大不了的啊，不就表白失败嘛，又不是失恋。"阿K回答道："这是跟失恋一样的啊，曾经那么好的感情，在我的表白中回不到过去了，失去了他啊，心太难受了，而且你知道我早已依赖于他。"

这大概是一层不该去戳破的感情，就像泡沫一旦破碎就不见了。阿K在这之前曾谈过一段恋爱，也曾失恋过。这次她却显得更加伤心，大概在这个看似强大的躯壳面前内心那柔弱的地方一下子又被翻腾了起来。那时候我依旧如现在一样静静地陪着她，没有任何言语。阿K曾说过，她很享受这样安静地陪伴，也许她是知道，我只是不知道怎么安慰与表达，只能安静地陪伴，有些默契正如这般。

此刻的草坪，人流稀少。我和阿K背靠着背坐在草坪上，抬着头望向太阳落下的天空，闭上双眼感受着这样安静的片刻。

"阿K，你这次告白失败了，你还会继续找他，跟他做朋友吗？"

"其实我也一直在思考这样的问题，我不知道怎么办啊，以后见面肯定尴尬，你说我该怎么办？你想法多，你帮我思考一下。"

"阿K，我也不知道怎么给你出主意，就这样吧，别想太多了。"

"可是，这么多年，我们那么要好的关系，我现在反而有点责怪自己干吗去表白了，一直这样下去不好吗？"

"阿K，感情这东西来了谁也拦不住，你今天做了这个决定，也只是想给自己一个可能，不想留有遗憾，你是对的，所以谈不上后不后悔。"

"我习惯了和他一起做很多的事，哪怕以前是哥们，我也习惯了，习惯真是一件可怕的事。"

"是啊，习惯这东西是有毒的，但一辈子那么长，我们要学着一个人走。这么多年什么样的悲欢离合没有见过，其实每个人都是一个人在行走，只是在走的过程中突然有人加入了。两年前你分手的时候我就告诉过你啊，我们要学着一个人走，这次我还是要这样跟你说。"

后来，阿K告诉我，那晚，男生在线上找她聊了一晚，阿K说那是她觉得最漫长的一个夜晚，虽然他们说的都是闲话。但对于阿K来说是漫长的，因为他们不再是以哥们的身份聊天，而是以表白者与被表白者的身份聊着，有些话再也不能以玩笑的方式说出口。

那晚，阿K一个人哭了很久，她用这样的方式告别，告别一段属于他们的友情，也告别一段只属于自己的爱情。看到这样的阿K，想到自己，忽然发现阿K像极了三年前的我。

三年前，我曾与R先生约定，等他出国回来，如果我们都没有谈恋爱，我们就在一起。那时候我和R先生是好朋友，互相喜欢彼此，只是因为他要出国，我们之间的关系便没有再进一步。

只是没想到的是，在彼此约定不到一百天的时候，R先生在异国给我发来一段话："对不起，我想，我不能跟你继续约定了，我给不了你想要的幸福，我不能耽误你，你应该安心地画着你的画，将来成为画家，而我们现在都没有确定性，对不起，我们的约定从这一秒结束了。"

"为什么？你不是说只要我等你，我们就可以的，是不是发生什么了？"

"没有发生什么，只是我不想再这样下去了，结束了，你别再等我了，去追寻你该拥有的幸福。"

"我不信，除非你说你不喜欢我了，我才相信。"

"我不喜欢你了，再也不会喜欢你了。"

"你骗我……"

那一刻，心凉如水。

R先生的头像变成了灰色，而我回过去的消息石沉大海，随着他的头像一起消失。那晚我亲手撕碎了为他画的素描，所有关于自己想象的一切都一起被撕碎了。有那么一段时间，我习惯性地会在每个夜晚与他线上聊天互传思念，我习惯性地把所见所闻画下来然后传给他看，习惯性地听他说在异国的趣事。原来一直是我自己在习惯性地误以为这就是爱情，而这些也随着我撕碎所有的时候全部消失。

我曾无数次幻想着他会在回来的那一刻拥抱我，然后我们在一起，以为他就是答案，没想到依旧是个片段，我依旧要一个人走一段漫长的路。我知道我们回不去了，就连从前朋友的关系也回不去了。

阿K说："我知道我和他再也不能像从前一样了，虽然彼此之间还是可以说说笑笑，感觉不一样了。"

"傻阿K，这是正常的，交给时间吧，时间会给出最好的答案。一辈子那么漫长，大摇大摆地走下去，终究会遇见那个一起走的人。"

感情这东西来了谁也挡不住。以为终于遇到了对的人，却偏偏在错误的时候，于是只能徒留遗憾，最后只能告诉自己还不如没有遇见。但是，我们却始终没有发现，在爱情里，有的人终究不能拥有，一旦拥有失去爱情也失去友情。

一辈子那么漫长，总有一些事，我们不愿它发生，却必须接受；总有些东西，我们不想知道，却必须了解；总有一些人，我们不能没有，却必须学着放手；总有些时间，我们不愿它流逝，却发现根本无能为力。

很多时候，总觉得一辈子的路很短，短到我们害怕来不及爱一个人；后来觉得一辈子其实很长，长到我们可以一个人走很久，然后遇见同路人，一起并肩而行。

## 你坚持不下去，还不是因为懒

在这个世界上，没有谁是天生的懒。我不是，你也一样。

有一天，学妹小花在微信上问我："学姐，如何养成阅读的好习惯？我看你经常会分享自己阅读的书籍，你有什么技巧吗？"

收到学妹这条消息的时候，我正在阅读周国平老师的散文《生命本就纯真》里面关于阅读的内容。

周国平老师在书里提到，阅读可以养心、养生，使人心宽体健；可以救生，为人解惑消灾；可以优生，助人教子育人。

我很赞同这一说法，因为一个人书读多了，不管是容颜还是认知、格局、觉悟都会改变。

当然，我并没有告诉学妹阅读带来的作用，我直接说："坚持。"因为，我深知自己之所以经常阅读，是因为坚持阅读，把坚持阅读当成了一个习惯和态度。你只有坚持下去了，才能有收获和提升。

于是，学妹继续说道，她说自己参加了一个"21天阅读养成计划"，希望自己也可以养成阅读的好习惯。

我自然是支持的。

因为，如果一开始你想要做一件事情，而自己没有办法坚持下去，那么，有人监督也是一件好事。但你要记住，别总是要人监督自己做事。毕竟，我们早已不像小时候，需要大人的监督才能完成作业。

我们已经是成年人，成年人要学会自我控制和足够的自律。

学妹参加21天阅读养成计划后，有一段时间，我发现她每天都会在朋友圈分享一下自己的阅读心得。也许，这是她参加的计划里的需求。

大概过了一个月后，我再次想起学妹的这个阅读计划。我问她，现在是否还在参与这项活动。

学妹的回答是，在阅读计划进行到一周后，她就没有继续了。我询问原因才得知，她常常会忘记打卡。

为什么会忘记呢？因为，不是在忙其他事，就是在和朋友逛街聊天。

习惯这个东西，不是你想坚持就可以坚持，你得付出行动。因为，行动是最好的证明，是可以见证你是否坚持下去的凭证。

学妹之所以没有坚持阅读，一是因为没有养成阅读的习惯；二是不够自律，也就是因为懒。她的大部分时间都花在其他事情和玩上，这样自然是没有任何收获。更别说，坚持。

前段时间，好友Z在微信上跟我抱怨说，她制订的减肥计划没有成功，买了几千块的减肥套餐也因为没有吃而过期了，浪费了。

我问她，是什么原因。

Z说，没有时间啊，有时候就忘了。

我接着说，那你跟我聊天怎么有时间？你怎么不利用跟我抱怨的时间去减肥，去吃自己买的减肥套餐？

Z发来无奈的表情说，哎，坚持不下去哦，一想到下班后还要去运动就觉得累。所以，就一直拖着。

其实，Z跟学妹的情况很像。一个不是不愿意去阅读，另一个不是不愿意减肥。二者之间，有个共性，都是因为太懒。

而"懒癌"这个词，常常被很多人拿来调侃自己。这是大部分人的一个通病，这个"病"并非治不好，就看你愿不愿去做，愿不愿意坚持下去。

你说，你要坚持每天阅读，可是，你却一直躺在那里一遍又一遍地刷着手机微博、朋友圈，逛着网店。

你说，你要坚持早起跑步，可是，闹钟响了你却还在昏昏欲睡。

我们总是会为自己制订很多计划，却很少真的坚持下去。我们之所以坚持不下去，主要还是因为我们太懒。

说实话，我也曾这样过。总是会找各种借口，为自己的坚持不下去找理由。但慢慢地，我发现，自己既然要去做一件事，如果没有坚持做下去的话，我心里会很慌，也会懊悔自己没有坚持，影响了自己的心情。

坚持是一种状态，是你是否能够自律的态度。


我身边有很多朋友就足够的自律，他们每天都会给自己列一份To do list。在笔记本上写下自己一天需要完成的事情，一步一步地按照自己的计划来。

也许，你会觉得麻烦。但是，当你坚持做下去了，你会发现自己过得很充实。时间，也就掌握在自己的手里。你所收获的，自然也就比自己想象中的多。

相反，你将一无所获。

那么，我们如何告别自己的"懒癌"呢？


**第一，心理认知。**

所谓心理认知就是在心里重视起自己所要坚持去做的事情。如果，当你计划做一件事情，自己都不足够重视的话，谈何坚持？

我在写作的时候有个坏毛病，总是在心里暗示自己时间还多，不急慢慢写。恰恰正是因为这样的心理，导致我经常拖稿。

于是，为了改变这个坏毛病，我给自己制定每天必须都要完成一篇文的要求。时间久了，自然也就养成写文的习惯。而且，写文的时候，我通常会关闭自己的社交，手机调成静音模式。


**第二，合理分配时间。**

没时间，好像经常会成为我们坚持不下去的一个理由。你为什么没时间？是因为太忙？还是因为你根本不知道怎么分配时间？

这个时候，你可以将自己的时间进行合理的分配。比如，我从事的工作经常需要加班。空闲时间，完全就是在上下班路上和下班、节假日。

通常，工作日我会把自己阅读的时间安排在上下班路上，写文时间安排在下班后。一到周末节假日，我则会写下自己一天需要完成的事情，按照步骤一步步地来。这样，时间也就被自己合理地分配了。

这也就是，我们为什么要多利用碎片化时间来提升自己。有时候，并不是你差，而是你懒，而是你不知道比你优秀的人有多努力。

**第三，自我意识对自己的影响。**

这里的自我意识，并非是自我认识，而是当你决定做一件事，自身能够清楚地知道这件事对自己带来的好与不好。

你可以给自己一个假设，例如，你坚持加班一个月，你的薪资、你的工作能力都会得到提升。那么，你是否会这么做？是否能够坚持下去？

坚持下去了，你就能有所收获。坚持不下去，你就只能看着别人比自己拿到更高的工资。这就是自我意识到事情的影响。

**第四，制订一份计划。**

俗话说，凡事预则立，不预则废。

做任何事情，我们需要一份计划。计划，可以更好地帮助自己坚持下去，也可以改变自己懒惰的性格。

我们可以从短期计划开始来执行，一天、一周、一个月、一年。你都可以去制订一份计划，有了计划你就知道自己所要做的事情有哪些，你就有了一定的目标。

**第五，自我奖励。**

任何事情坚持做下去了，最后获得回报时，都会很开心。那么，你可以利用奖励模式来鼓励自己。当然，奖励也要根据自己的自身情况而定，能力范围内即可。

比如，我这周坚持阅读完一本书了，那么，我就可以奖励自己放松一天；我这个月工作绩效达标了，那么，我就可以奖励自己逛一次街，买一件自己喜欢的物品；我这个月坚持跑步了，那么，我就可以奖励自己，为自己办理一张健身卡；等等。

**第六，付出行动。**

言必信，行必果。

不论什么事情，最重要的还是行动。你没有付出实际行动，制订再多计划也没有用。

行动是你坚持和迈向成功的一块垫脚石，也是判断你是否有毅力的关键。

在这个世界上，没有谁是天生的懒。我不是，你也一样。

所以啊，别再为自己的懒惰找借口，从现在开始，如果你想做或者正在做的事情一定要坚持下去。

你只有坚持下去了，才能够成为自己喜欢的样子。你才能说，你真的努力了。

# 那些你曾逃避的过往，终有一天会释怀

这么多年，她应该都在努力让自己融入她错过的世界、错过的圈子、错过的人。

已是晚上十点多，我正戴着耳机，双手敲打着键盘，想要写一篇连载的稿子。正当自己为写不出下文而烦恼的时候，手机突然响起。来电显示：阿秀。其实看到来电显示的时候，我是有那么两三秒觉得自己应该是看错了。当我回过神仔细看时，没错，是阿秀，偌大的来电备注显示在屏幕上方。我和阿秀已经整整两年没有联系，没有任何联系。

按下接通键之前，我有点紧张，因为我不知道该如何开口，电话接通的时候是阿秀先说的话："箫，你在干吗呢？"她还是一如既往地用着亲昵的口吻称呼我，只是这次是以普通话口音发出，显得更加温柔与亲近。自从她去北方读书后，我们很少见面，上次见面还是在两年前。

"阿秀，你怎么想起来给我打电话？"

"我刚下课,在回宿舍的路上,无聊,翻看手机给你打个电话,你最近怎么样呀?"

"嗯,我很好,你呢?在学校怎么样?"

"马上要毕业了,考完最后一科,我也就毕业了。"

"恭喜你,终于毕业了。"我发现自己在说出终于这两个字的时候,明显变得慢半拍。

"我现在还不知道自己毕业后准备做什么?"

"之前看你朋友圈,你不是在学校实习当老师吗?有没有想过继续做老师?"

"哦,老师啊,有的,我可能会回老家县城,如果专八能够顺利考下来的话。"

"阿秀,你还是那么优秀。"是的,她还是那么厉害,读书总是比我们厉害,即使发生过上次那个意外,阿秀还是那么优秀。

"等我有机会去省城看你,想你了。"

"好的,等你来,我也想你。"阿秀比起两年前甚至说比起五年前开朗了许多,说的话也多了一些。电话接通到一半的时候,大概是因为信号不好,我们就挂断了,换成了微信语音聊天。


我和阿秀是发小,我们出生在一个很偏僻的小村庄里。记忆告诉我,小时候我和阿秀并非很合得来,那个时候喜欢分帮结派,而我和阿秀总是对立的。现在回想起来总觉得是幼稚的美好。后来,因为父母工作的原因,我随着他们去了南方。我所有和阿秀有关的记忆也随着我去了南方，显然都是彼此之间打闹、不好的记忆。

生活在南方那些年，父母也时常在我耳边说起阿秀的事。当然，都是成绩很优秀、很努力、很听话，除了这些就再也没有别的。中考那年，因为户籍的原因不得不转学回老家，在村口遇见了阿秀，那个时候我们好像才真正地重新认识彼此，我们都变得不再是小时候的模样，唯一不变的是阿秀成绩还是那么优秀，她的成绩是村里所有同龄人中最好的一个，所以大人们都希望我们向阿秀学习，也正因为这样，初三那一年，我们一个学校但不同班，我时常会跑到她的教室与宿舍找她，让她给我补习。

学校是寄宿式的，每到周末才可以回家，那时候回家的路很远，骑自行车要一个多小时，还是山路。我是个天生就害怕走人少的山路与夜路的人，阿秀则胆子比较大，她常常会带着我，让我紧随其后。

我们时常会在回家的路上，把自行车停在山脚，然后爬到山上去采摘各种野花草；经过列车轨道的时候，会停下来数列车有几节；会在彼此学习压力大的时候，给彼此写安慰和鼓励的信件。这些大概都是我们回想起来觉得最美的画面。

那个时候，每逢周一早上大概四五点就要早起前往学校，天还是黑的，阿秀总是会随身带着一个手电筒，然后为我照明。那年，我找不到什么好的词来形容彼此的友情，只是觉得有一双手将我们拉近，不需要过多的言语，不需要华丽的修饰。

我一直都觉得阿秀是个坚强、乐观的孩子，起码在我眼里她是这样。她出生于单亲家庭，从小与她的妈妈相依为命，这也是我后来才知道的事情，关于这些我也不敢多问，我怕触及她内心深处的柔弱，我不问她不说。某些时候我是心疼她的，她有一副铠甲，我们看不到也摸不着，她所有的乐观都是一道防护网，她努力学习，想要成为更好的自己。她一直背着好孩子好学生的称呼，这其实也是一种压力。她心疼她的妈妈，她想要努力地改变环境，放假的时候她就帮着家里务农，减轻负担，无论严寒酷暑你总能看到她忙碌的身影。

中考，阿秀以七百多分考上了县城最好的高中，只要进了那所高中，就等于有一只脚迈入了大学，而我，则在另一所不上不下的高中。

"箫，我觉得自己的圈子很小，不敢去交朋友。"

"阿秀，别把自己逼得太紧，你可以尝试着去与身边的同学彼此交心。"

"我常常神游，无法集中精力。"

"你指的神游是什么？"

"就是，我会看一个东西很久，然后，我就胡思乱想了。"

"胡思乱想，你在想什么？"

"我也不知道想什么。"

"嗯，你可以多跟同学跟室友沟通。"

"箫，你在做什么？"

"我在写东西，写自己的文章。"

"你还在坚持写作？"

"是的，你知道的，我很喜欢。"

"真好，我觉得自己与这个世界脱轨了，微博、微信，我都不玩，只有今天才和你微信聊天。"

"阿秀，你可以尝试着接触一些新鲜的事物，别害怕。"


阿秀发生意外是在高三那年。

高三是学习压力比较大的一年，大家都在想着怎么可以在高考的时候，考出好的分数，虽然马上高考，但都想着多争取一分是一分，我不例外，阿秀也不例外。

听到阿秀出事的消息是晚自习过后，爸妈给我打来电话告知的："阿秀出事了，你知道吧？"

"什么事，老爸。"

"她因为学业的压力过大，疯了，现在已经在市医院接受治疗。"

"老爸，你确定没有吓我。"

"没有，你不要给自己太大压力，不要有什么思想负担。"

挂完电话，我不敢相信自己所听到的，打电话再三确认，结果是真的，那晚彻夜无眠。

阿秀生病了，在精神院调养，也因为这样休了学，原本六月我们是要一起高考的。她开始忘记了所有的人，所有的事。这样对她来说，也许是一件好事，她太累了。

自阿秀生病以后，我有很长一段时间没有见过她，去她家找她也没有人，大门永远都是关着的，我不知道她去了哪里。听村里人说，其实她一直和妈妈在家，也有人说她还在医院治疗。

村里很多人都在说，阿秀以后该怎么办，一个好好的孩子，竟然……这是大家对阿秀日后的担忧与关心。

我却不知道该说什么，对于有关阿秀的一切，我开始只能靠听说。

再见阿秀，是在大一寒假，我和几个朋友一起去阿秀家，阿秀坐在门口，已经不再喜欢说话了。一个人闷着头，我们几个人也不知道该说些什么，我们知道她大概是记不得我们是谁，不知道该如何说起，或者不知道该说些什么，她脸上不知所措的表情让人心疼。

"我记得你，你是萧，我看到好多你给我写的信，我在回忆每一个人，只是有时候比较吃力。"她突然说出了这句话。

我突然无法抑制住自己的眼泪，我不知道自己是不是因为太激动，是的，她还记得我，她正在努力回忆着每一个人。

我曾经想过，那个时候的阿秀内心到底是承受着多大的压力，才会导致生病，一直以来她的心态都是非常乐观的，是个积极向上的好姑娘，她的内心应该是苦涩的，在她知道自己生病以后。

阿秀在次年如期参加了高考，结果很理想，在北方的一所师范大学，她再次开始了自己全新的人生。

"哈哈，我没事，说实话，我现在回想起来自己以前生病的事都觉得好可笑，只是有时候还是比较害羞，不知道怎么与人相处，我害怕他们会离开我，因为我曾生过病而离开我。"

"阿秀，恭喜你，你成功了，你开始会笑着说过往，你现在不要急着去与人相处，打开你的心扉，我们还会遇到很多的人、很多的事，我相信喜欢你的人会一直在你身边。"

"哈哈，有没有恋爱啊？"

"你呢？阿秀，有没有遇到真命天子？"

"我这不是在努力地遇见嘛。"

"哈哈，阿秀，赶紧的。"

"嗯嗯，我现在马上去注册微博啥的，好和你沟通。"

"好的。"

这么多年，她应该都在努力让自己融入她错过的世界、错过的圈子、错过的人。

两年前见到阿秀的时候，她曾告诉我，她觉得自己生病的时候与这个世界是隔离的，隔了很遥远的距离，她不知道怎么来拉近。有那么一段时间，她向全世界隐藏自己，逃避着那些过往，她脆弱得像张纸，一戳就破。她害怕身边的人会因为病情而远离她，而嘲讽她。

如今，两年后，我们再次线上聊天，我可以感受到，她已经很努力地走出来，她想证明自己，证明给所有人看。她其实没有远离，只是消失了一段时间，休息了一段时间。我想会有那么一天，她能笑着谈及过往的自己，因为她在慢慢学着释怀，学着不在乎。

阿秀是个好姑娘，她努力与这个世界握手言和，我想世界也会对她报以温柔。那些你曾经想要逃避的过往，终究会在某一天随着时间的痕迹，随着内心的强大慢慢释怀。

## 没有谁生活得特别容易

　　每个人都有自己的不容易，有人深夜加班，有人疲惫不堪，有人在街头哭泣，有人醉，有人累，有人忧，有人喜。

　　生活，让每一个人怀有希望，又畏惧失望。生活，让每个人拼命努力，又深爱至极。

　　很多次下班走出公司已经快十点了，整栋大楼在黑色的夜空下显得很暗沉。正门的大门是半开的状态，淮海路上的人群也已渐渐少去。

　　但依旧是有人笑，有人闹，有人行色匆匆，有人交头接耳，却无人流露悲伤。随着对淮海路的熟悉，我发现，这是一个不适合悲伤的地方。

　　有几次下班后一个人坐在淮海路边的椅子上，看着来往的行人，每个人好像都很忙。除了你自己，没有人会注意到你。

　　走进地铁，看到一位五六十岁的阿姨坐在地上靠着睡着了。她的左右两边分别放着不同的担子，中间是扁担，手里紧紧抱着背包。

我靠在她的对面，打量了她很久，看着看着鼻子不自觉地酸了起来。她太累了，她很想睡觉却又不敢睡得太沉，时不时地会被地铁摇晃而醒，然后摸摸自己手中的袋子。

生活总是很喜欢将真实的东西，呈现在我们的眼前，让我们在颠沛流离中，尝到一份慰藉。然后告诉你，你不是最苦的那一个。

生活百态，总是有百般滋味。

周末，看到好友小静发了一条朋友圈，我看了看她的动态，想评论给她个拥抱却觉得太过浅显，想点赞却又觉得不合适。

她说："每天早起晚睡，好累，生活真的很苦。"

我相信，这是她内心真实的独白，也只有她真的觉得累的时候，才会说出这些话。我猜想，在发这条朋友圈的时候，她一定是刚忙完正要准备休息。

小静毕业一年后就结婚了，她的老公跟她是同一个县城的。他们是在毕业后，通过家里人介绍所认识。

小静结婚后，就跟随着老公一家去了郑州开早餐店，我们也曾问过她为什么不自己找份工作，让她老公自己开店。小静说了我们常听到的那句："嫁夫随夫"。这句话很俗，却充满了满满的爱意。

到了郑州以后，小静很少有时间跟我们这些好友联系。我们以为她是因为店里的生意忙，所以没有时间跟我们闲聊。

后来，过年回到家里。几位好友坐在一起闲聊的时候，才得知他们在郑州的生活并没有想象中的那么容易。

刚到郑州那会儿，小静因为水土不服，住过一段时间的医院。后来，加上又要帮着老公一起卖早点，不得不去跟着老公学做包子、馒头、烧卖等早点食物。

每天凌晨两点多，就要起来做早点。到了下午三四点钟才能躺下休息，而且还不能两个人同时休息。

小静说，很多时候她都觉得自己是一个汉子，而不是我们看起来那个斯斯文文的姑娘。

是啊，生活中，我们所能看到的往往也只是他人的表面，真正的一面只有我们每个人自己心里清楚。

生活很难，真的很难。

但我们不能被打倒，不能放弃。因为，没有谁，生活得特别容易。


前段时间，在朋友圈看到好几位好友同时分享着同一条微信图文推送消息，于是好奇便打开一看，消息的第一条是这样说的：

地铁上一个上班族小哥，一边大口啃着面包，一边强忍着委屈，眼泪似乎要夺眶而出。

也许是工作不顺心，也许是被生活压力逼垮，也许是美好的感情再也撑不下去了，又或许是挚爱的亲人离他而去⋯⋯

他难过的真相我们不得而知，只是，我们能隐隐感觉到：他的生活，没那么容易。

看着上班族小哥吃面包，边吃边哭的画面，心里满是苦涩。我想起，自己之前写的一篇文章，《成长就是将你的哭声，调成静音的过程》。

正如，电影《天气预报员》里说，成年人的生活里没有"容易"二字。

他边啃面包边哭的情景，又何尝不是万千人对生活的一种无可奈何。生活中，有太多无可奈何的选择。

生活从来都不是我们想象的那么美好，它不会让我们在顺境中认识、体会到它的存在。它只会让我们在逆境、痛苦中，学到什么才是生活的意义。

又或者生活本就是一场悲剧，拿来旁观可以看成是一部喜剧，只不过很多时候我们身在其中，所以浑然不觉。

我们生在江湖，总是会有身不由己、言不由衷的时候。

生活本不易，请你，不要放弃。

共勉。

## 你那么努力，应该很没有安全感吧

早年S.H.E唱过一首歌叫《安全感》，里面有这样的一句歌词：你如果没有安全感，请把安全带系上。当然，这首歌歌词内容是关于爱情，而我这里想说的是生活。在生活中我们同样需要安全感，但这份安全感不是来自他人而是你自己。

有人说，我一直在努力为什么还是一无所获？因为，你还没做到最好的自己。

有人说，我这么努力是为了什么？为了有钱？为了更好的生活？

我说，应该都是。

也有说人，我努力了这么久，久到自己都心疼自己，都想抱抱自己。

那么，就拥抱一下自己，和自己成为最亲密的朋友，给自己足够的安全感。

毕业后的这两年，让我渐趋成熟。我的心理年龄与思想都告别了我曾单纯的岁月，也告诉自己那些曾单纯过的、曾无知过的都将深埋心底。

如果说，现在的我是一朵向阳的花朵。那么，毕业前的我还只是一粒种子。毕业后的我，是一心只想着冲出土壤的枝芽。现在的我，常常会习惯性地在黑夜回忆那些我曾落过泪的日子，虽不足而谈，却是自己所走过的黑暗。即使现在的我，依旧过得没有想象中那么好，但至少，我的心比以前坚强也比以前多了几分释然。

还记得，刚实习的那个自己，那个倔强的一意孤行的自己。将实习前所有的计划抛到了脑后，一心想着我要赶紧工作，赶紧去接触社会，去成长。

那时，曾高谈阔论着我要努力变成最好的样子，曾经大声叫喊着我要给自己一个完美的毕业典礼，我要去最远的地方来一趟毕业旅行，我要用胶片拍出自己最美的样子。而最后这些都没有实现。

前不久，看着好友的毕业旅行，我不禁又感慨了起来。在心里告诉自己："对不起啊，让你受委屈了，欠你的毕业旅行到现在都还没给你。"随后我便泪眼蒙眬，内心感慨着这样的自己。

从实习到毕业后的那一年，是自己最不想忘记的一年。那一年，我被生活一次又一次地打磨着，我会发觉它"宠幸"着千万人，唯独看不见我。我在黑夜的城市咆哮过，我在关了灯的房间哭泣过，我在人潮拥挤的人海里迷失过，会抱怨生活没有给我一丝丝安全感。而最后，在这一次又一次的磨炼中你会发现其实你一直是在跟自己过不去，是你没有想象中那么努力，是你过于焦急，是你忘了思考。

又是一个漫长的失眠夜。我伏在书桌前打开微博，翻看着自己所发布的每一条，我发现从出校门实习到2014年年底是我抱怨最多的一段时间，也是心情最低落的一年。我边看边笑着这样的自己。随后也删除了一些，删除不是为了逃避那样的自己，也不是为了删除那些有关的印记，而是为了告诉自己，你再也不能像过去的日子一样，也不能再那般的脆弱与稚嫩。

我笑话那个时候的自己，也很感谢那样的自己。生活给予你的每一份经历都是最好的安排，那些你以为熬不过的日子，你以为会退缩的轨道，其实在你还没有来得及反应的时候就已经过去了。所有的忧伤与不安都会成为过往，也都会随着时间慢慢沉淀。

人生这趟单行道的旅程是那么漫长，它没有返程的轨道。只有一路顺着单轨而行，而沿途你所经过的风景都是必然的，但你看到什么或者会经历什么，这些谁也无法预知。

前段时间，在豆瓣收到一条豆邮，内容是："笙箫，我很迷茫，我不知道该怎么办。"后来，我回复了一句："人活着就是一种迷茫，不同的时期有不同的迷茫，因为人的欲望会膨胀，会不断地随着生活而渴求度越来越高，而在这之前你不断地奔跑就好。"

电影《阿甘正传》里面的阿甘是一个先天智商只有75的低能儿。小时候在学校里为了躲避同学们的欺负，听从了青梅竹马珍妮的话而开始"跑",就这样他日后的人生离不开"跑"。他跑进了大学;他跑进了国家橄榄球队,被肯尼迪总统接见;他跑成了越战英雄。阿甘最终闯出了一片属于自己的天空。在他的生活中,他结识了许多美国的名人。他告发了水门事件的窃听者,作为美国乒乓球队的一员到了中国,为中美建交立下了功劳。猫王和约翰·列侬这两位音乐巨星也是通过与他的交往而创作了许多风靡一时的歌曲。最后,阿甘通过捕虾成了一名企业家。他一直在跑,直到最后和珍妮有了他们的孩子。阿甘停了下来,回到自己的故乡。他开始向身边的人讲述自己的经历,也顺带回忆着自己的一生。

现在的我们也正是一种奔跑,虽不同于阿甘。因为,我们是和千万人一起竞跑,也是和自己赛跑。就算遇到困难、遇到阻碍,你依旧要站起来继续奔跑。

谁也决定不了这个奔跑的规则,只有你自己可以。在这条跑道上我们有可能会在一开始的时候处于领先的位置,后来会渐渐落后;也有可能会一开始落后,后来领先。这过程中,是快是慢是放弃,要跑成什么样子,终究还是要看自己,也只有你自己才能够决定自己的样子。

有的人会一直坚持下去,有的人会选择中途退赛。但无论结果如何,我们都不要辜负自己,至少要那么努力地跑一次。

当你累的时候,当你没有力气奔跑的时候,当你觉得生活没有给自己足够的安全感的时候,你可以拥抱一下自己。因为,你正在为了遇见那个更好的自己而奔跑着努力着。日后的你,一定会感谢现在这样的你。你会发现以往的失意与得意、迷惘与清晰，都显得不那么重要。

生活就像一盒巧克力，你永远不知道你会得到什么，或甜或苦，都要吃下去。可能现在的你会觉得生活是黑暗的洞穴，但你一定要相信，有一天你一定会看见阳光透进来。

我知道，你那么努力，在没有看见阳光照射进来前，你的日子会很苦。那么，记得拥抱一下自己。

## 其实你不差，只是不够努力

人只有经历过，才能够逐渐成长。成长的过程中，只要你肯努力，哪怕身处谷底，也能够达到你想要的高度。

大成是个努力的人。

我第一次看到他的时候，第一印象就是他不爱说话，低头族。了解过后才知道，他一直在忙着做自己的事情。

我是通过朋友介绍认识的大成，一个看上去老老实实本本分分的人。第一次见面是在朋友聚餐上，大成戴着眼镜，安安静静地坐在角落处。若不是好友起来介绍，你很难注意到这个人。

大成的话很少，我注意到他的时候，他正低着头玩自己的手机。心想，又是一个低头族！

我问好友，你的朋友为什么都不讲话，一直玩着自己的手机？

好友说，他啊，他很忙。大成是个工作狂，离不开手机。你以为他在玩手机，他其实是在忙着赚钱。

人都有个习惯，总是习惯性地用第一眼来判断一个人。可是，当你了解过后，你会发现，事情的真相，往往比你看到的要精彩得多。

大成跟我同岁，有时候我不知道该如何来讲他的故事。总觉得，认识他后，他是一个一直在不断变化的人。

大成没有读过大学，高中毕业就出去工作了。虽然跟我同岁，但他的经历比我要丰富很多，这跟他一直在外漂泊有关。

高考结束后，大成不知道自己该去往哪里。他经常听人说起北漂的不易、艰辛。为此，他觉得也许北漂可以磨炼自己。他独自一人，开始了北漂。他将自己置身在一个完全陌生的环境里。

刚到北京的那会儿，大成人生地不熟，睡过公园，吃着路边摊。一周后，大成在一家餐馆找到了自己的落脚处，也开始了自己的第一份工作，餐厅服务员。

大成不知道北京的压力有多大，但他知道自己既然没有继续读书，再不努力只会与别人的差距越来越大。

人只有经历过，才能够逐渐成长。成长的过程中，只要你肯努力，哪怕身处谷底，也能够达到你想要的高度。

大成为了不让自己落后，开始一边在餐厅打工，一边不断地阅读提升自己。因此，当同事们都休息的时候，大成手里都会捧着一本书在读。

阅读，不仅能够提升你的知识和眼界，还能够成为你看不见的精神食粮，陪你度过漫长孤独的岁月。

在北京的那半年，大成读完了50本书。餐厅放假的时候，大成会去距离餐厅较近的大学转转，感受一下学校里的氛围。

因此，当春节回家过年的时候，大成跟同学们交流起来，并没有觉得有多尴尬，甚至会有很多话题可聊。

一个人所要走的路，所要经历的事，完全在于自己会如何走，会怎样去经历。也许一开始我们都会落后于别人，但只要你肯努力，你就不会差。

我们需要经历，更需要努力来治疗自己的不足。

在北京待了两三年后，大成结束了北漂，离开了北京。离开北京并不是因为逃避，也不是因为在北京待不下去。而是，大成选择了另一条更适合自己的路。

离开北京后，大成做起了生意。刚开始，是自己跑服装市场，做服装生意。后来，大成在贵州找了一家店面，做起了手机生意。

虽然大成高中毕业就已经出来工作，但其实，大成一直都清楚自己要什么，一旦有了想法，他便会去做，他一直在不断地寻找和尝试。

在贵州的手机生意，大成做得越来越好，从一开始的亏损到慢慢盈利，再到现在有了自己的车和房。

也许，很多人会觉得大成有能力，但其实，他只是一直在努力改变自己。我们都是平凡的人，我们都想着要去改变自己。

可是，改变的要素就是肯付出和努力。如果你一直安于现状，那你只能原地踏步，只能落后于别人。

《天才在左，疯子在右》里有一句话说，哲学家和疯子的区别在于：一个只是在想，一个真的去做了。

　　行动，远比想要强很多。


　　很多时候，我们对自己都是不满意的。总觉得自己很差，不如别人。那么，当你有了这样的想法后，你有想过如何去改变吗？

　　刚实习的时候，我在一家销售公司做销售专员。那时候，我压力很大。身边的同事个个都有了自己的业绩，唯独自己没有。

　　那段时间，我的情绪一直比较低落。每天都在怀疑自己到底差在哪里？为什么自己就不如别人？

　　有一次，大概是部门领导看出了我的焦虑。他将我叫到办公室谈话，他说，你有没有想过自己不出业绩的原因在哪里？

　　我说，我可能不适合吧。

　　领导一边抽烟一边说，别总是拿不适合做借口，你只是不够努力和用心。出业绩的人，不仅仅在上班期间跟客户打交道，下班后，他们依然如此。

　　那次谈话，领导跟我聊了很久。

　　当我开始抛开自己不适合销售的想法后，放下自己的焦虑，每天上班的时候仔细去听同事的交流话术，自己记不住的就会用手机录下来，然后下班回去听同事是如何与客户交流的。

　　慢慢地，我掌握了一些技巧，两周后我有了第一单业绩。虽然后来我还是离开了那家公司，但对自己来说，经历是珍贵的。

我意识到自己在对待问题时，该如何去解决；意识到自己不如别人的时候，该怎么去改变。

　　你要知道，当你逐渐意识到自己不如别人的时候，你要做的不是抱怨，是改变。如果你一直处于抱怨中，那么你怎么也变成不了自己喜欢的样子。

　　你也要相信，同一件事我们做不好的时候，不是我们差，而是我们还不够努力。

　　我们要在生活和经历中学会提升自己，培养自己。给自己一个高度，一步一步地努力往上走。

# 没有努力爱过的青春不算青春

谁的青春没有爱过。曾经为爱痴狂，不顾一切，到头来留下了什么？不管是为爱成长，还是因爱落魄，唯有努力爱过的青春值得回忆。

## 喜欢不是死胡同，别跟自己较劲

喜欢一个人是美好的。哪怕两人之间的距离是无法企及的，也应该将那份美好保留在心底，让自己的内心留有空隙。

如果我没有记错的话，读者米妮应该已经是第三次在微信后台跟我提及与他的故事。起初，她也只是跟我说，有一个朋友让她很失望，总是对她爱理不理的。我问为何会这样觉得，米妮说：“因为，以前他说只要他谈恋爱了就会告诉我，而现在并没跟我说，找他聊天也是爱搭不搭的，我拉黑了他很多次，但也重加了很多次。”

这里姑且称米妮口中的那个他，为L先生吧。米妮与L先生初中时是同班同学加同桌，算算时间到现在米妮大学毕业应该也有近十年了。初中的时候米妮与L先生是死对头，那时候的L先生是班里的小霸王经常来捉弄米妮，也是大家眼中的差生，而米妮则是大家眼中的好学生。

米妮说，那个时候的L先生经常捉弄她，说很想跟米妮成为好朋友，但是骨子里孤傲的米妮并没有同意，因为在那个什么都不懂的年纪里，米妮的眼里只有好学生与差生。你学习好我就跟你做朋友，你学习差，对不起我们不熟。

L先生说："米妮我要跟你做朋友。"

米妮说："对不起，我跟你不熟。"大概也正是因为这样，在L先生的心里便就有了一股怨气，捉弄米妮也就没有停止。

年少就是年少，所有的打闹也不过是一眨眼的事情，他们还是成了"朋友"。

只是，L先生捉弄米妮这件事一直没有停止。而米妮并没有当作一回事，就算有误会也不想去解释。

有天早上，米妮发现L先生来得比以往都早，而且还是气呼呼地看着米妮。当米妮正准备将书本从书包里拿出来的时候，L先生对米妮大吼了一声，质问米妮："昨天是不是你将我的钥匙扔进垃圾袋？"米妮没有做任何解释，只说了两个字：不是。L先生并没有消气，更大声地说道："你知不知道我昨天是翻窗户进家门的，你是不是觉得我每天欺负你，你就丢了我的钥匙？"这次，米妮没有说话，因为米妮也不知道L先生的钥匙是怎么跑到了自己桌子边上挂着的垃圾袋里，她不想去做任何解释。

只因当时年少，没有早点懂得那些大道理。那时候，我喜欢跟你做朋友，就跟你做朋友，我不喜欢跟你做朋友，我们可以装作不熟悉。让米妮没有想到的是这在多年后是个老梗。

时间是个奇怪的东西，让两个原本在一起就会激烈争吵的人，变得无话不谈。高中时候的米妮丢掉了初中时的稚气，L先生也变得落落大方。他们这次同校不同班。

"喂，米妮，没想到又跟你同校啊。"

"是哦。"

眼前的这个L先生让米妮觉得应该不是初中的L先生，判若两人。高中学业的压力越来越大，但就算是再大的学习压力，躲不了那个想要恋爱的年龄。

L先生有喜欢的人了。他第一个告诉的人就是米妮，他说："我们要无话不谈啊，我现在恋爱的事都告诉你了，以后我还是会告诉你的，你有什么事也记得告诉我。"

"嗯，我们要无话不谈，恭喜啊。"

L先生不知道的是，米妮那天为他流了泪。那时候的喜欢，总是会卑微到骨子里，我不说，你永远也察觉不到，何况是傲气的米妮，又怎么会让L先生知道她对他的情感，而且还在那个拼命努力的年少时光里。

米妮喜欢上L先生这件事，除了米妮与自己的那本日记本大概再也找不到其他知晓的。三年，她将感情埋在了心里，一心躲在题海与书海。她不去过多询问，但她会过多关注。

感情这东西就是这般奇怪，更何况你在暗恋一个人，而且这个人还不喜欢你。

上大学的米妮，再也没有像高中那样有话不说，但也不会直说。与L先生处在不同的城市，但还是会联系。只是米妮渐渐发现，每次找L先生他都是爱理不理，恋爱的事也不会跟米妮说了。孤傲的米妮，想着这个人怎么会变成这样，说好的只要恋爱就会跟自己说，可是他没有。

米妮一次又一次地找L先生聊天。终于有一天，米妮开口问："怎么你和别人可以有话说，跟我就没有啊？"L先生说："因为不熟悉啦。"米妮哭了，大概她自己也不知道为何会这样，她想到自己初中时跟L先生说的那句：我们不熟。

她说，这回终于轮到自己听到这几个字了，原来竟是这样伤人，只可惜错在那个少不更事的年纪里。

米妮是在第三次跟我提及L先生的时候才将故事的大致情况告诉了我，她说："他说我们不熟了，还说我脾气不好，他一直在挑着我的坏毛病，还记恨着初中钥匙的那件事，原来他因为一把钥匙记恨了我十几年，他说只要一谈恋爱就会告诉我，而现在却再也不会跟我说了，他有心结了。"

听米妮说完这些，我脑海里勾勒着他们的画面，然后回了一句："米妮，他的那句不熟悉就是给你最好的答案，因为他早已习惯生活中没有你，或者说他一直就没有习惯过有你。他不是在记恨钥匙那件事，他只是在给你们之间的不熟悉找个借口，而这些都是你自己幻想出来的。他没有必要跟你说自己的任何事情，而你却因为那句无话不说认真了很久，还为此走不出来。"

消息回过去的时候，米妮没有第一时间回复我。再次收到她的消息时，她说："我在哭，我很在意他，我为了他哭了一个星期，我拉黑他很多次，又加了他很多次，这次我再也不要加他了，他又在线上说我这里不好，那里不好，虽然他说的都对，但这次我决定永久拉黑，朋友都在撮合我们，而我们却好不了。"

我没有回复米妮，因为我不知道到底是种怎样的伤害让她为一个人哭了一个星期，毕竟她也跟我说过，还有很多没有告诉我。我想有些事她不愿意说应该就是不愿意想起，这样便也是一件好事。只是最后那句：朋友都在撮合，而他们却好不了，让人有点心疼。

毕竟，米妮是喜欢L先生的。但就米妮跟我说的这些，我始终认为米妮之所以对L先生这样，只是她将与L先生之间所有的轻描淡写都看得很重。因为喜欢，所以在意，因为当你越是喜欢一个人的时候，他的每一句话，都变得很重要，哪怕只是一句玩笑话。

对于米妮来说L先生无意间说过的每一句话，她都会多想一点，都盼着和自己有关。就像那句"无话不谈"米妮也认真了很久。当她认真的时候，她就会走进自己幻想的局里面走不出来，那是一个没有尽头的死胡同，只要没人喊停，她便可以一直这样下去跟自己较着劲。她把对L先生的喜欢，当作一种自我束缚，大概就是骨子里的那股傲气，使得米妮会如此。

但，喜欢这件事始终不是死胡同，更不能跟自己较劲。

越是跟自己较劲越是过不去，也就走不出来。喜欢一个人是美好的。哪怕两人之间的距离是无法企及的，也应该将那份美好保留在心底，让自己的内心留有空隙。

## 爱错了人，不是爱情错了

爱情之所以有等待，不过是为了等到那个对的人。爱情之所以有伤痛，不过是为了在遇见那个对的人之前，经历一次又一次的历练。

我们每个人都是孤独的个体，我们都在寻求另一方的影子。有的人，来到你身边的速度很快，像流星一般滑落；有的人，却又像是迷失了方向，需要花个三年五载。但不管时间久也好，短也罢，你都要知道，这个人一定会到来，走过人群，走向你。

爱情之所以有等待，不过是为了等到那个对的人。爱情之所以有伤痛，不过是为了在遇见那个对的人之前，经历一次又一次的历练。

爱情是美好的，不管这个人是对的人，还是错的人。能够遇见，就已经很不容易。所以，对爱情你要永远保有一颗热情，用力相信，用力爱。

大三那年，学姐和相恋两年的男友分手。失恋的那段时间，她把自己关在宿舍里不出门，整个人状态看上去都不是太好。之所以分手，是因为和男友异地，还劈腿他所在学校的学妹。

分手后，学姐单身了两年的时间。我问她，分手那么久了，为什么不再找一个？学姐说，当经历过一段失败的感情后，对爱情好像失去了安全感，没有办法去信任对方。

我曾和一位好友谈论过关于感情里最致命的是什么。我们一致认为，是不信任。倘若，在一段感情里，两个人对彼此都没有了信任，或者一方对另一方失去了信任，那么这段感情也就意味着要结束了。

可爱情这东西，你永远都琢磨不透，你以为自己不会再爱了，不敢再爱了。却没想到，在下个路口处，这个人带着光就突然地出现了，他打破了你的原则，成了你的意外。

学姐再次恋爱是在失恋后的第三年，只是这次是单恋。学姐和阿文，同属于一个部门，每天在工作上交流的东西也比较多。两个人熟之后，发现彼此之间有很多共同语言和爱好。用学姐的话说是同一类人。

学姐的心，也就这么一层一层地被剥开了，直到，心里住满了这个人。都说，陷入恋爱的人会像个长不大的孩子。每天醒来，学姐会第一时间去看看阿文有没有给自己发消息。每次聊完天后，学姐会反反复复地翻看着和阿文的聊天记录。时不时地也会给阿文发去一条又一条的微信消息，满心欢喜地等着对方的回复。

阿文回复了，哪怕一个表情包，学姐也会欣喜很久。爱情里，主动用心去爱的人最容易受伤。而这份伤，你永远不知道它会在什么时候降临。

阿文说，别再给我发消息了，我不想我女朋友误会。

学姐的心碎了一地。原来在这段看似暧昧的感情里，她一直在演独角戏。从此，这个人也就只能是过路人。

在爱情里，一旦爱错了人，所有的真心和付出也就自动瓦解，像将一颗心放在冰窖。

爱情有时候真美，爱上你时，怎么也爱不够。可我，在对的时间，爱上错误的你时，爱情也就变了味。

爱上错的人，就像爱上一面坚硬的墙，永远都得不到回应。

我爱过一些人，也错爱过。在我失去第一段感情后，我用了很长时间来放下。刚失恋的那一个月，每天都把自己弄得很繁忙，生怕自己闲下来就会想起两个人过往的种种。但总会有停下来的时候，心也就脆弱了。哭过，醉过。

在爱情里受过伤的人，都有种自我保护意识，不敢随便爱，也害怕去爱。

可即使是这样，我对爱情依然抱有期待。因为，我相信，总有一天，会有这么一个人出现在自己的生命里。他会让我明白，在他没到来之前，我所经历过的种种伤害和错的人，只不过是为了他的出现所做的铺垫，是为了让自己能够有爱的能力，是为了把最好的自己留给对的人。

爱情，有时候就像是抽奖。运气好，你第一次就抽到自己喜欢的奖品，幸福地过一辈子；运气不好，需要抽两次、三次，第四次才能抽到自己喜欢的。但不管怎么样，在这个过程中，你是在慢慢地明白自己到底需要什么样的奖品。

就像爱一个人的过程，哪怕心酸、哪怕苦涩，在你心里也是美好的。只是，任何东西都会有个保质期。一旦过了保质期，你也就看开了，看淡了。


前一段时间，我在微博上看到一句话："很遗憾，至今仍然相信爱。"看到这句话的时候，我想起曾跟好友讨论过的一个问题，我问他，如果有一天对方选择离开，你会怎么办？

好友说，得过且过。

我说，还是要相信爱。

大概，没有什么比"爱"让人觉得更美好了吧。

我们没有爱的时候，期待爱；我们相爱的时候，相信爱；我们爱过的时候，害怕爱。这是在感情里，会经历的三种心态。

可谁能保证，爱来之后不会毫无保留地去付出呢。

这就是爱的魔力，即使爱错人，还是愿意爱。所以，如果你爱错一个人，不是爱情错了，只是不是对的人，才会让你有这样的想法。


常常会听很多人说，我已经老了，没有时间去好好爱一个人了，已经失去爱一个人的能力。

什么叫失去爱一个人的能力？

无心爱？爱不动？不敢爱？

千万不要因为"老了"，就不去爱，这是大错特错。人正是因为没有爱，才会逐渐地"老去"。

爱一个人的能力，永远不会褪去，就看你还敢不敢爱。

在年轻的时候，在能够爱的时候，一定要用力去爱。

哪怕会遍体鳞伤也要去爱，哪怕一场空也要去爱。你可以不赶时间，但你一定要赶着时间去见某个人，做一些简单的事。

张小娴说过，每一条路的尽头，都有好景致。如果觉得不够好，那只是还没有走到终点。对待生活，别太急躁，答案总会在某一刻揭晓。在此之前能做的，就只有等待。我们需要给自己一点宣布答案的时间……

爱一个人，可以让我们充实有收获，让我们欢喜。而爱错一个人，也可以让我们有收获，只是收获的不是心，是你自己对爱的理解。所有在我们生命里出现过的人，都可以给我们上一课，告诉我们一些既定的道理。

我们这一生，其实一直都在做着单项选择，选择一条适合自己走的路，选择一个可以陪伴在身边的人。既然是选择，肯定会有出错的选项。因为，有的选择答案永远只有一个，哪怕一开始你错了，到最后一刻你总会知道正确的选项。这个时候，你已经不再害怕会出错了，因为你已经历过。

爱一个人的时候，我们可以清楚地明白自己的软肋在哪里；爱错一个人的时候，我们可以知道自己所需要的对的爱情是什么样子。

所以啊，千万不要认为爱错了人就是爱情错了，只是这个人陪你的时候，开始迷路了。我希望，你能够在爱里，让自己一直对爱有炽热的热情；我希望，即使受过伤之后，你依旧会相信爱，并且坚信爱。

## 分手有时候是一场救赎

很多人以为分手是一场痛苦的诀别，其实某些时候分手是一场救赎。救赎了自己也救赎了对方。告别错的，才能和对的重逢。

再好的东西，都有失去的一天。

再深的记忆，也有淡忘的一天。

再爱的人，也有远走的一天。

再美的梦，也有苏醒的一天。

该放弃的决不挽留。

该珍惜的决不放手，分手后不可以做朋友，因为彼此伤害过。

也不可以做敌人，因为彼此深爱过。

有人说，分手是一种揪心的疼痛，毕竟那是自己曾全心全意去爱的一个人，就这么放手心如刀割。

也有人说，原以为在他走后的那天我会撕心裂肺地痛哭。可是，真的在他走的那天我却比任何时候都平静。只是，要开始慢慢习惯一个人。

我们都是这个世界上孤独的个体，人与人之间的相遇有时候是命中注定的一场久别后的重逢，分开也是必然。没有人会注定陪着我们一辈子，只能陪我们走一段。

来过就好。


阿木分手的那天给我打了一通电话，电话里她安静地说道："阿笙，我和他分手了，如你所说，这段感情不够成熟。"

阿木和他是校友，他们相恋一年多，姐弟恋。

于我而言，阿木这段感情的结束是迟早的事。只是我一直以旁观者的角度看着阿木，看着她的幸福和不幸福，想对她说点什么又不忍心伤害对方的心。

这一年多里，看着阿木在这段感情里得到的，失去的。与男孩交往以来，阿木几乎与身边所有异性好友失去了联系与来往。

他们刚谈的那会，男孩说，我们把彼此QQ和微信里的异性好友都删除了吧。阿木表示很不理解，自然也就没有同意。后来他们还为此而吵了一架，男孩便觉得阿木不喜欢自己，不在乎自己，阿木则是无奈。

阿木说，这些好友并没有妨碍他们相恋，再说他们相恋与QQ和微信里的好友又有什么关系？

男孩说，因为怕你被别人追求，为什么我能做到你就不行？

阿木说，你想多了吧。

男孩生了气，便一天没有联系阿木。

我不知道那个时候的阿木对这件事是什么想法，但我听了过后，我跟阿木说，你真的觉得你们合适？感情里还是找个成熟点的比较好。

阿木没有说话。

我第一次见男孩是在他们相恋三个月后，是阿木说了很久后，男孩才同意与我相见。阿木觉得我们是好友自然就要见上一面，一起吃个便饭。

男孩觉得，恋爱是两个人的事，与其他人没有任何关系。当然，这也是我后来听阿木说起的。

三个人一起吃饭那天，看得出来男孩对阿木的真心。从一些细节就可以看出，只是不够成熟。

例如，当我和阿木走在一起的时候，男孩会因此而生气，说阿木忽略了他。

又例如，阿木和我想去同一个商场逛的时候，男孩会说阿木你还是别去了吧，我们一起去别的地方。

那时候，我知道阿木是尴尬的。后来，我借口有事便离开了。

阿木后来说，她很累，像个姐姐照顾弟弟一样。想过结束这段感情，只是一想到男孩对他的好，心就软了下来。

爱情里，最怕的莫过于心软。因为爱情，有时候，是一件令人沉沦的事情，所有的理智和决心，在某个温暖的瞬间就可以直接被抹去。

阿木在电话那头声音是哽咽的，她庆幸自己放了手，但也舍不得。

阿木跟男孩说，我们分手吧。在一起的这一年多，开心也有，快乐也有，只是更多的是心累，是一种束缚。

因为这段感情，我失去原本的自己，我像在照顾一个长不大的孩子一样谈着一场不够成熟的恋爱。

男孩说，我之所以束缚你是因为喜欢你，我不觉得自己哪里做得不好，我那么在乎你，有错吗？

阿木说，没有错，我们还是回到朋友的位置比较好。

后来，男孩拉黑了阿木。

我在想，也许男孩是真的很喜欢阿木，只是这份喜欢在内心深处没有达到某个度。当你越是小心翼翼去呵护某件东西，就越容易失去。在乎是没错，错的是绑得太死过于束缚。

虽说，爱情某些时候的确是一场束缚，但追求爱情并不等于限制追求自由。就像，当一只鸟儿向往天空的时候，你却偏偏将它困在笼子里占为己有。你以为这样是在保护它，其实，你让它失去了原本该有的自由。这样一来，就算它在你的视线范围内，也是孤独的。

阿木说，庆幸的是自己早点放手，给了自己一场救赎，也给了对方一场救赎。

很多人以为分手是一场痛苦的诀别，其实某些时候分手是一场救赎。救赎了自己也救赎了对方。告别错的，才能和对的相逢。

当你明知一段感情是错的时候，不妨早点抽离。不属于自己的爱情失去了，证明离属于我们的爱又近了一步，也许转过一个街角，路过一个闹市，真正属于你的爱情会出现在眼前。

分手了就做回自己，一个人的世界同样有日升月落，有美丽的瞬间，把他归为记忆。

## 前任是伤心疤，也是让你知道如何去爱的人

前任的离开和存在，是为了见证你的爱情曾甜蜜、苦涩过；是为了让你明白，即使没有到最后也不要有遗憾，因为还有更好的人在等你。

刷知乎的时候，看到这样一个话题："分手后，你的前任教会了你什么？"话题底下的评论各有各的说法，各有各的答案。且不说哪条评论点赞最高，毕竟，在爱情里每个人的感受都不一样，如人饮水，冷暖自知。

但不能否定的是，其中"前任教会我如何爱一个人"这句话出现的频次最多。这就说明，那个离开自己的人，除了疼痛以外，带来的还有成长。

谢谢你离开我，因为是你告诉我什么叫作不合适；

谢谢你离开我，因为是你教会我忘记一个人也没有多难；

谢谢你离开我，因为是你让我知道如何更好地去爱一个人。

爱情是一道难题，谁都不能做到不出错。所以，如果爱情出

错了，别害怕，因为在爱情里我们都一样。攒够失望的人自然会离开，不爱了的人也会退出。

谢谢你来过，我们曾爱过。

电影《前任3》上映的时候，特地买了夜场，想着看的人应该不会太多，我可以想哭就哭，想笑就笑。却没想到，全场满座。有人成双，有人形单影只。

电影的前半部分全场都被逗乐着，后半部分全场都沉默着。坐在我旁边的是一个二十多岁的男生，是一个人来看的。我观察到，整部电影从开始到结束他都是沉默，没有因为欢乐的情节去笑，也没有因为悲伤的情节落泪。就这样沉默着，坐在那里看着电影。

我想，大概是曾认真爱过的人，才会这样吧。就算看着电影会想起你，但我还是要默不作声。

电影里，林佳喝醉后哭着说："我和孟云分开那么久，他身边不是没出现过女孩，每次看到照片后，我一点也不在意，我觉得她们根本构不成威胁。但是今天，我看到那个女孩，我感到深深地害怕，她就是我啊，那眼里的自信、张扬……曾经的我哪儿去了？"

林佳曾是另一个王梓，天真、活泼、单纯、深爱。可后来，慢慢地林佳在爱里丢失了自己。孟云呢，孟云忘了林佳也曾是一个小女生。他笃定林佳不会离开自己，可爱一个人一旦心累了、疲惫了，也就是离开的时候了。

林佳问孟云，如果，你以后要是不要我了怎么办？

孟云说，那我就扮成至尊宝，到城市最繁华的地方，大喊林佳我爱你。

孟云问林佳，那你要是不要我了呢？

林佳说，那我就猛吃芒果，过敏至死。

最后，孟云站在广场上说了一百遍林佳我爱你，林佳吃芒果过敏进了医院。这个时候，他们已经不是在挽留彼此了，而是在用力告别曾经爱过的人。

因为爱过你，所以再见了，这次可能真的是再见了。

分开后，孟云把公司做得越来越好，但他心里永远忘不了，他创办公司的那一天，林佳对他说的那句："放心去闯吧，家里有我呢。"林佳呢，嫁给了那个一直喜欢她的老同学。

也许，很多人会说，为什么明明两个相爱的人还是要分开，既然忘不了为什么不去找回？

但你要知道，林佳和孟云的爱情，从林佳一开始要走的那一刻就是在试探。他们也都在等，一个在等挽留，一个在等回头。等到最后，等来了结束。

林佳之所以在最后选择跟那个一直喜欢她的高中同学在一起，就是因为在这场爱情里，林佳学会了什么是爱，什么才是自己想要的爱。孟云之所以没有去找回林佳，也正是因为林佳的离开教会他如何去爱，如何才能更好地爱一个人。

好的爱情就是，分开后，我没有忘记你，但也不会打扰你，而我也变成了自己喜欢的样子，而我也知道了自己需要什么样的爱情。

　　我曾在微博上收到一位男读者的私信，打开消息页面一连串的都是读者在跟我讲述他和前任的故事。

　　消息前面几段话一直是读者后悔分手，说自己好像再也遇不到像前任那样让自己爱的人。

　　读者和前任是在双方父母的介绍下认识的，双方父母更是多年的至交。他们从大学毕业开始恋爱，一谈就是三年。

　　三年里，两个人之间小吵大吵都经历过，可最后还是分了手。分手是读者的前任提出的，理由是不想跟一个长不大的孩子恋爱。

　　分手那段时间，读者情绪一直低落，始终没有办法理解，自己对前任并不差，为何对方因为自己长不大就要分手。

　　我问读者，在这段感情里你们每次争吵的时候，是谁先软下来，是谁想着顾及对方的感受。

　　读者过了很久才回我的消息，我猜想中间没有回复的时间他大概是去回想两个人之间以往的不愉快。

　　读者说，大部分是她。

　　我说，那她是真的累。

　　读者说，是啊，所以现在后悔了。

　　你永远不要想着，在感情里有一个人是愿意一直陪着你长大的，你要成熟一点，把自己变得成熟一点，让自己懂得如何去更好地爱一个人。

　　我爱你不是说我时刻心里有你就是爱你，而是要付出行动。

我爱你，正是因为我需要你，对方也是一样。

爱一个人就像吃饭喝酒，喝酒不要超过六分醉，吃饭不要超过七分饱；爱一个人，也不要超过八分，要留下两分爱自己。

我身边还有一些朋友，是在分手后才意识到自己没有好好珍惜前任。但那又能如何，重新追回来吗？

不行了，感情一旦破碎过，就很难回到原点，如同破镜即使重圆，也是没有办法修补好裂缝一样。

既然如此，那就好好在失去和错过的感情里，让自己成长，让自己知道如何去爱一个人。

桃子和陈先生恋爱五年，马上就要结婚。我一直很喜欢他们之间的相处模式，对彼此毫无保留地付出，遇到问题就直接说出来，一旦对方感觉不对了也要说出来。把问题摊开讲，两个人一起找方法解决。

所以，我常说他们之间总是如初恋。你说，他们是一开始就这样吗？并不是。

桃子在遇见陈先生前有过一段恋爱，那段感情维持的时间并不长。但那短暂的爱情，让桃子明白，在感情里，一直服从对方不行，一直为对方考虑也不行。桃子就是一直服从对方，为对方考虑，导致对方劈腿理所当然。

桃子并没有多难过，反而是庆幸自己及时止损那段错误的感情。要不然，又怎能遇见陈先生。

很多人说，前任留给我的只有伤痛，所以，一直没有办法开始新的恋情。这样的想法是错的。

前任的离开是伤疤，但你要学会在感情里明白一些道理，这样你才能接受新的感情。你总是纠结前任的离开为自己带来了怎样的伤痛，固然没有办法开始新的感情，也不会懂得如何爱一个人。

感情这个东西，永远都是两个人的事情。分手了，不要把问题怪罪于某一方，也不要陷在里面走不出来。要一直期待爱，相信爱。

前任的离开和存在，是为了见证你的爱情曾甜蜜、苦涩过。是为了让你明白，即使没有到最后也不要有遗憾，因为还有更好的人在等你。

谢谢那个离开你的人，是他用离开让你懂得，爱一个对的人，是不需要用眼泪来成长的，也别去憎恨。因为，是他的离开让你变成更好的人。

一辈子那么长，该来的都会来，是你的终归是你的。

## 姑娘，时间会教你如何爱一个人

我想，世间最好的相爱，大概就是我们无论在哪里相遇都是刚刚好，无论穿梭多少条街道都是似曾相识。

刘小媛又在微博上发表关于她为王晓伟心痛的爱情宣言。确切地说，是失恋后的状态，再确切地说，是她和王晓伟早已结束一年，后来得知王晓伟再谈的苦言苦语。

我已记不清，这是刘小媛发的第几条状态了。只是，每次一刷新都有刘小媛发表的言语，都是怨言。我依旧以一个很反感的口吻告诉她，不要再这样下去，越是这样越显得自己不够成熟，越证明自己没有爱过，起码没有认真地爱过。

一个真正成熟的、爱过的人，能够将曾经爱情的失意沉淀在心底，然后，生根发芽再发酵酝酿出新的果实。可以偶尔说说自己的感受，闲言碎语，但不是怨言不停。刘小媛现在开始有怨言了，对于爱情。

我与刘小媛是多年的死党，我们可以毫无顾忌地嘲讽彼此。

我们都很嫌弃对方，她常常嫌我瘦，我常常嫌她矮，也正因为这样，我们对彼此可以是毫无缘由的攻击，相互嫌弃过后还是会死缠在一起，真是不是冤家不聚头。

刘小媛和王晓伟是高中同班同学，那个时候的刘小媛娇小可爱，一个回眸的梨涡就把王晓伟的魂带走了。

两年里他们朝夕相处，每天因为高考互相给彼此动力和压力，约好去同一个城市读大学，就算最后不在同一座城市也要常常来看彼此，每当晚自习下课的时候，王晓伟都会偷偷带着刘小媛去学校的串串店，烤上几串刘小媛最爱的羊肉串。就这样他们一同走过高中，越过高考。

高考揭榜的那天，他们约在学校门口见，一同去看结果，每年揭榜的这一天都是哭一批笑一批。结果也早就在他们的意料之中，虽然两个人的第一志愿填的是同一个学校，但都没有被录取，而是王晓伟走第二志愿北方一所大学，刘小媛则被第三志愿南方一所大学录取。就这样他们开始了异地恋，南方与北方相望着。原本约好每逢周末就聚，因为距离较远而变成一个月、一个季度，甚至半年。

我曾问过刘小媛，这样真的好吗？和王晓伟异地恋到底是怎么想的？刘小媛说习惯了，我们变成了彼此最习惯的样子。刘小媛实习的时候去了沿海的城市，王晓伟在学校没有来送别，只是打了电话慰问关心。刘小媛毕业的时候，王晓伟却在北方的另一座小城计划着和刘小媛的未来。也正因为这样，刘小媛第一次跟我抱怨起了王晓伟，我可以感受到这姑娘内心那柔弱的一部分，渴望得到爱与关心。吵着、闹着、分分合合，如此又是三年。

刘小媛告诉我，她要把王晓伟带回家见父母了，毕竟谈了几年，是时候见双方父母了，问我的意见。我说，如果觉得合适了那就去做，哪怕错了也没事。

当然，我说的都是废话，什么合不合适，感情里就没有合适与不合适，对了就合适，错了就不合适。后来，国庆的时候，刘小媛带着王晓伟见了她的父母。

电话响起的时候，我还在蒙头大睡，清晨的好梦被刘小媛的电话铃声给打碎了。她说，她的父母不满意王晓伟，原因是王晓伟坚持留在北方，而刘小媛的父母希望他们可以回南方，离家近。王晓伟的态度不仅没有软下来，还强硬了起来，这样给刘小媛的父母留下了一个不好的印象，使得他们坚决反对。

更没想到的是，第二天王晓伟二话不说就走了。嘿，这可把刘小媛的父母气得不行。还是刘小媛主动打电话给王晓伟问怎么想的。王晓伟说，我一直在规划着我们的未来，为何你爸妈如此反对，刘小媛挂了电话也没多说什么。

电话与电话之间，我可以感受得到刘小媛那急促的呼吸声和哽咽声，也许她自己都不知道该如何是好。

刘小媛说，她已经把王晓伟当作未来的另一半，一想到如果有一天不能够在一起，心就会冷却。因为这样刘小媛瞒着父母去北方那座小城找王晓伟，她想试试看能不能改变王晓伟的想法回到南方小城，毕竟，刘小媛也不喜欢那座城市。

她说，不是说喜欢一座城是因为里面住着想要在一起的人吗？我骂刘小媛傻，其实打心底里佩服她，勇敢地去追求属于自己的幸福，哪怕她知道最后遍体鳞伤，一无所有，她还是义无反顾地去尝试，即使这个人不会因为一个人而爱上一座城。

　　几个月后，刘小媛分手了。原因是王晓伟瞒着刘小媛已经在北方那座小城买了房子。我觉得王晓伟一直是把刘小媛的影子留在心里，一个人计划着未来，没有刘小媛的参与，他自己其实也并不知道这个未来的另一半是不是刘小媛，当找不到另一个人的时候只能幻想成刘小媛。

　　刘小媛没有过多的说什么，辗转去投奔父母。她说，她感觉自己不会再爱了，是不知道如何爱了。


　　上海下雪的时候，我走在城市的街头。一个人，站在城市的街角，躲避着这突如其来的雨夹雪，这是我第一次看见上海的雪，因为穿着羽绒马甲，所以有点冷。手里还在刷着微博，刘小媛又在抒发着内心的柔弱，这离她与王晓伟分手已经一年，距离王晓伟再谈已经五个月。

　　三个月前，我曾因为一次长假回到南方的家中，恰巧刘小媛在家学车。她过来陪了我几天，我们聊到了王晓伟，她说，王晓伟谈了，起初我以为是他们和好了，后来才听明白是王晓伟谈了别的人。

　　刘小媛说，除了难过还是难过，我不知道怎么来接刘小媛的下一句话，在这之前王晓伟曾经有想过重新追回刘小媛，但是被刘小媛拒绝了。因为，刘小媛说没有感觉了。

可是，这会儿刘小媛又在伤心难过。大概每个姑娘内心都是有占有欲的，希望那个不属于自己的人可以一直爱着自己，却不能属于别人。

那次，和刘小媛聊过之后，刘小媛跟随父母迁至广州，临走前给我发了个消息说要在今年把自己嫁出去。可是这段时间，刘小媛所有的动态都是王晓伟，显而易见，她放不下，或者说她一直都没想过放下。她一直觉得，会有那么一天当她再次需要他的时候，他会乘着风踏着云而来。但现实总是不如人意，没有幻想。

我告诉过刘小媛她应该学会放下，不是学会放下王晓伟，而是学会放下自己心里的那个梗，时间会告诉她怎么正确地爱一个人，什么才叫作爱。

如果说，她现在一直念着王晓伟的好，至少证明她是一个有眼光的人，只是需要时间带着另一个人来让她爱，来代替王晓伟的位置。如果说，她现在想的只有王晓伟在她嘴里的坏，只能说她的眼光有待提高。然而，对于刘小媛来说，需要提高的不是自己的眼光，而是自己的内心。我们都应该给爱情留一些余地，回头看的时候，空白处还能填上我们想要的色彩。

走在雨夹雪里，没有打伞，任由雨雪打湿自己，给刘小媛发去了一个消息：姑娘，时间会教会你如何爱一个人，让我们静默以待。

我想，世间最好的相爱，大概就是我们无论在哪里相遇都是刚刚好，无论穿梭多少条街道都是似曾相识。

## 致初恋：再见了，少年

年少时喜欢一个人误以为就是一辈子。后来，我们才明白，那份年少的喜欢只不过是为了告诉我们，喜欢一个人不一定要拥有，爱而不得是常态。

上海已经进入盛夏，空气里都弥漫着热气腾腾的味道。我不知道，是不是因为见到你的缘故，兴许是有那么一点原因。毕竟，我们从高中毕业到现在已经五年没见了。

见你之前，我一直在想。

倘若，我在朋友圈没有恰巧发那张临近你公司的照片，你大概也不会私信我，说见一面吃个饭之类的话语。

这条消息，是我们从高中毕业分开到现在，你唯一一次主动找我的消息。想起来，竟会有点可笑。当然，我还是很吃惊。

我盯着屏幕愣了几秒，跑去微信群里告诉密友们，你给我发了消息，我该如何回复？她们说，都这么多年了，都是老同学，发个消息没必要这么紧张。

是呀，五年前也好，五年后的现在也罢，你发的消息我依旧会紧张。这大概就是，未曾得到过的总是喜欢在心里蠕动着。

你说："你在南京路这边？"

我说："是啊，你也在？"

你说："是啊，找个时间，一起出来吃个饭吧。"

看着你说的这句话，我在心里窃喜了几秒。然而，随后你又补上一句："刚好班上有一些同学都在上海，准备组织一个聚会，你也来啊。"

这句话让我心底的欢喜，变成了嘲笑自己。原来，即使过去这么多年，对你我还是容易一厢情愿。


聚会的地点定在南京路附近的KTV。进KTV之前，我一直在门口来回踱步。心想着，我该如何开口跟你说第一句话。

是该说"好久不见"，还是微微一笑一言不语。

五年未见，你是否还是我喜欢的那个十七八岁少年的模样？而我，又是否被时间爬过了皮肤？

这样想着的时候，你给我发来消息，问我到哪里了。

我没有告诉你，我已经在KTV门口。

我说："快到了。"

大概过了十分钟以后，我走进了KTV，里面的光线是昏暗的。可我，一眼就看到了你。就像高中那三年，近视300度没有戴眼镜的我，在篮球场一眼就可以看到穿着8号球衣的你一样。

你比以前胖了很多，也更黑了。下巴上有着浅青色的胡茬，看上去比以前多了几分成熟。果然，时间最容易改变一个人。这些年来，那些改变过的，让我们之间多了一分陌生感。

你见我进来，走了过来，说了一句："好久不见。"

我看着这样的你，笑着说："好久不见。"便走了过去跟班上其他同学打招呼。

同学们都在说："你来晚了，要罚一杯酒啊。"

我笑着说："我酒量不行啊。"

你用很熟练的语气说："我来替她喝吧。"说完，一饮而尽那杯酒。

那一秒，我仿佛看到了我喜欢的那个你，但也仅仅在那一秒而已。随后，我坐在点歌机旁，很生硬地低着头玩手机。

我已经不记得大家唱了多少首歌，我只记得等我反应过来，你已经坐在我旁边，拿着啤酒递给我说："你要点什么歌？我帮你去点。"

我说："我不唱了，你唱吧。"

你喝着酒说："下一首就是我的。"

你唱的是周杰伦的《屋顶》，我们前后桌的时候，你经常哼唱的一首歌。

还记得，高二那年元旦晚会，你唱的就是这首歌。当时，跟你合唱的还有一位女生，她后来成了你的女友。

那时候，我只顾着喜欢你。却忘了，你有喜欢的人。

那晚，晚自习结束，我跑回宿舍哭了很久，也是在那晚，我放弃了高考结束后跟你表白的决定。

直到高考结束，我都没有亲口跟你说再见。

年少的时候，喜欢一个人终究是怯懦且无法启齿，亦舍不得放弃的。只能，将这个人放在心底任由时间随意处理。


唱完第一句的时候，你起身走近了屏幕，背对着我。这个时候，我才发现你的背影于我，多了几分陌生。

以前我们前后桌，我常常会在上课的时候看着你的背影。然后，在心里默默地说，我好喜欢你。

现在，却没有这种感觉，更多的像是多年未见的老友。

你唱完歌后，坐了下来。拿着啤酒，跟旁边的同学边抽着烟，边喝着酒，说着一些我听不懂的话语。

我知道，其实，我早已不了解你。

况且，这五年我们没有联系，也没有再见过。有的只是，朋友圈的点赞之交。对你的了解，也仅仅限于朋友圈，还有记忆里你十七八岁的模样。


都说，人生有很多东西，需要仪式感。告别，也需要用力一点。

一直以来，我都是个仪式感很重的人。原本打算唱歌的我，起身走到点歌机旁，点了一首金莎的《我懂了》。这首歌是高二那年，我一直单曲循环的歌。

以前听这首歌，是因为喜欢你。

现在唱这首歌，是因为告别你。

五年前，我没有正式跟你告别；现在，我正式跟你告别。

再见了，十七八岁的少年。

再见了，喜欢过你的自己。

再见了，曾经。

## 不打扰是爱你的另一种方式

我们都曾路过一个铭心的人，不是不想停留，而是这个人不肯收留。明知结果改变不了还是要去执着，那是内心的执念，不可磨灭。

我希望，多年以后等我再想起的时候，我对你还能有最初的感觉。给你，也给自己最初的那份爱恋留有一分美好。

阿紫是我的学妹，她跟我聊过很多次一个叫陈阳的男生。上周，她又跟我提及这个人，只是她比之前提到时平和了许多。我还记得第一次阿紫跟我提起陈阳，她所说的每一句话里都带着一股较真的劲儿。她较真，是因为她真的喜欢陈阳，却爱而不得。

这次，她再提及，内心多了一分从容。我想，她终于接受了陈阳不喜欢自己这件事。

她说："学姐，我偶尔还是会因为想起陈阳而心痛难过，还是会因为他过得不好而担忧。毕竟，我还是很喜欢他。"

我心疼这样的姑娘，傻傻地喜欢着别人。

喜欢上一个人并不难，难的是你看清楚了一个人却仍然选择继续喜欢他，爱着他。

阿紫和陈阳的故事，我听过很多种版本。喜欢不喜欢，爱着还爱着。当然，这些都是阿紫难过时所说的话语。

她爱过，也还爱着。

爱得小心翼翼，爱得自作多情。哪怕，陈阳最后没有选择她，她都爱着。

阿紫说：“倘若真的有来生，我还是想继续喜欢他。”

到底有多喜欢一个人，喜欢到下辈子还要再喜欢，还要去爱呢？

大概是，给了这个人的感情再也不能给第二个人；大概是，再也不会因为这个人的一句话而失眠至深夜；抑或是，再也不会为了这个人而傻傻地去做自己认为对的事。

阿紫和陈阳是大学同学，大学四年来，阿紫一直单恋着陈阳。她不是没想过表白，只是还没来得及就已经失败了。

大学毕业后，陈阳去了南京，阿紫在杭州。

上个月陈阳生日那天，阿紫从杭州坐高铁到南京，带着礼物，带着一肚子想对陈阳说的话。

南京高铁站的人比想象中的多，可是阿紫还是一眼在人群中看到了站在出站口等着自己的陈阳。

她想过很多遍陈阳站在出站口接自己的情景，陈阳微笑着朝她挥挥手，和自己想象中的情景一样。

阿紫想着，在帮陈阳过生日的时候，就告诉陈阳，她喜欢他。却没想到，陈阳接到自己的第一句就是："准备玩几天？什么时候回去？"

阿紫笑着说："周日回去。"

陈阳说："好，那我送你去宾馆，晚上我同学说要帮我过生日，你要一起来吗？"

和自己想象中的不一样，他只是在问她要不要一起来，而没有说你也要来。阿紫低着头沉默了许久，然后说："陈阳，我就不去了吧，都是你同学不方便。"

陈阳说："那好，你自己好好玩。"

那晚，阿紫一个人躺在宾馆的床上，窗外的一切对于她来说都是陌生的，包括下午站在自己身边的陈阳。

不知不觉，枕头湿了一大块。那些想说的话，也一并随着眼泪流去。

她和陈阳之间，就这样结束了。

她离开南京的时候，没有告诉陈阳，而是到了杭州借故说自己有事提前赶了回来。阿紫在微信上说："陈阳，你自己以后好好的吧。"

她不知道该以什么样的方式来告别，放弃一个喜欢很久的人，突然之间像是少了点什么，心里变得很空，像天秤一样，失去了支点，摇摆不定。

我一直相信时间是个好东西，不仅能够帮人疗伤，还能够帮人释怀。

我告诉阿紫，也许有一天，当你再喜欢上另一个人的时候，这个人的记忆，也只是怀旧。

因为当你喜欢上、爱上一个人的时候，就已经注定要为了这个人去记住一段岁月，记住那段曾走过的相随的日子。

当然，他也是为后来的人，做了一个铺垫。

阿紫说："学姐，找你之前，我删除了他所有的联系方式，因为我控制不了自己去找他聊天。"

我说："这样也好，只是不要太刻意。"

我们都曾路过一个铭心的人，不是不想停留，而是这个人不肯收留。明知结果改变不了还是要去执着，那是内心的执念，不可磨灭。

《深夜食堂》里有一句话我很喜欢：生命中的一个放手，换来一个获得，最期待的事，永远不在期待中发生。

我想起，去年我看的电视剧《好先生》中孙红雷饰演的路远，最后为了让自己心爱的人幸福，为了给彼此一分释怀，选择为爱放手，不再打扰。

正如，张爱玲所说："因为爱过，所以慈悲；因为懂得，所以宽容。"

余生望着你，只是不打扰你。

因为，不打扰是我爱你的另一种方式。

努力过，心中就会有答案

努力过的人，对于自己的成功与失败，都有一种了然于胸的坦然。因为，你今天得到的生活和成就，就是你昨天努力的结果；你明天想要的生活和成就，也来自你今天的努力和进取。

## 你要活成自己想要的样子

　　我时常问自己，我所喜欢的自己是什么样子。当这个问题反复了很多遍后，我终于明白，我所喜欢的自己就是一直在不断变好的我。

　　每个人都有一个理想的生活状态，但往往有时候，在这个复杂的世界里，会让我们忘记了自己想要的生活。

　　只要活着，我们就是一直在不断变化着的。我们会遇见不同的人，我们会经历不同的职业和单位。

　　地球是一直转动着的，世界是变的，唯一不变的，就是变化本身。而我们，只有每天进步一点，才能过上美好的生活。

　　我在一本书上看到过这样一句话：所谓生活，关键的问题不在长度而在宽度，勇敢地选择不一样的生活，多一次冒险，就多一次体验不同人生的机会。

　　所以啊，我们永远都不要害怕去冒险、去体验。只有在不断地经历着，你才能知道自己想要过成什么样子，你才能找到自己喜欢的生活方式。

世界是奇妙的，你想活成什么样子是你自己的选择，他人无法干涉，只要你肯努力、肯坚持，终有一天，将如你所愿。

在书店写稿的时候，因为人多没有座位，于是，跟两位女生拼桌坐在一起。写稿的间隙，听到她们聊起来各自生活上的状态。

A姑娘跟B姑娘抱怨起了自己最近工作上遇到的问题，每天都像个机械一样不停地运转，一点都不喜欢自己的工作，有时候被压得喘不过来气，想辞职又不敢辞职。

B姑娘说，既然不喜欢那就辞职啊，还年轻为什么要把自己搞得那么狼狈，你要活成自己喜欢的样子。如果工作不如意先找出原因，再看自己是不是真的不合适，不合适的话早点走，别浪费时间。

B姑娘说完后，A姑娘继续说，有时候就是烦躁吧，搞得自己想辞职，心累啊。

B姑娘说，那这么说你不是真的想辞职，那你可以调整自己的状态。如果一直那么累，不仅工作没有效率，还会影响自己的心情。

在她们的谈话中，可以看出B姑娘属于乐天派，对自己的事情，常常比较容易拿捏。这类人，一般都比较清楚自己想要什么。而A姑娘则相反，有太多的顾虑，多愁善感，犹豫不决。这是大部分人的一个通病，得治。

听着她们的谈话内容，我想到最近比较火的关于佛系生活这一说法。很多人，做事总是会把自己圈在一个固定的思维里，在对待事情上都只舍得用半成功力，给自己留了太多退路，习惯性走马观花，浅尝辄止。没有自己独有的世界观和方法论，拒绝生猛，抵触极端，面目模糊，态度两可，被世俗压力推着走，永远观望，永远怯懦。

这样的人，是没有办法拥有自己想要的生活的，只能得过且过。


第一次看电视剧《欢乐颂》的时候，就很心疼樊胜美这个角色。有时候看着看着，我会感慨编剧为什么要把樊胜美写得如此惨，简单一点不好吗？

可是，当我看第二部的时候，我似乎可以理解编剧的出发点了。这时候，我感慨的对象换成了樊胜美。

樊胜美三十多岁，一个人在上海奋斗，因为家庭靠不住，一心想要找一个可以让自己依靠的男人。每天将自己打扮得娇艳妩媚，置身在男人的聚会中，以为这样，就可以找到一个心仪的男人，可到头来依旧竹篮打水一场空。

第二部樊胜美遇到了王柏川，心想自己找到了依靠，但现实问题又出现了。一会儿是樊胜美的家庭问题，让王柏川心里有所畏惧；一会儿又是樊胜美嫌弃王柏川没有更多的钱。一来一去，依旧一穷二白，每天都在为了钱而操心。

这个时候，我们可以想想，为什么三十多岁的樊胜美，在上海打拼了这么多年，依旧没有活成自己想要的样子？为什么她不能活成安迪那样？

是因为樊胜美没有工作能力吗？不，当然不是。她能够从人事转到销售，这说明她足够有能力。而且，适应新环境的能力也很好。

那到底是因为什么？

有人说，因为樊胜美的家庭原因。当然，这点不可否认。但更多的是，樊胜美将时间花费在了不重要的事情上，她没有像安迪一样更好地来提升自己。一个人如果总是将精力和心思花在不正确的事情上，只能是浪费时间。

只有不断地提升自己，才能让自己变得有价值。这样你的财富、你的能力也就得到了提升。

这个时候，也许你会问，那我们该如何提升自己？

对于我们大多数人来说，提升自己的方式有很多种。

**一、提升自己的工作能力。**

职场上有很多东西值得我们学习，身处职场我们要做的不仅仅是每天做好自己的工作。更多的是，在工作中将输入与输出完美地搭配好。

工作中，我们一直在输出，与此同时，你也要学会在输出的过程中，如何给自己输入。不要把每天的工作当作完成一项任务，你要把它当作提升自己的方式。在工作上遇到不懂的，一定要立马去弄明白和弄清楚。而且，多学一点技术对自己来说是没错的。

还有就是，在工作中，要学会把握机会。领导安排的事情认真完成，完成了可以询问领导是否还有多余的事情做。不要嫌弃事情多，要学会给自己创造学习的机会。这样，你工作能力上升的同时，也给领导留下了好的印象。

**二、业余时间多学点东西。**

现在，很流行斜杠青年。何为斜杠青年？简单地说就是一个人不再是只做一种工作，而是拥有多重职业身份。

业余时间是提升一个人最好的时候，这个时间段是完全属于自己的。聪明的人会利用这个时间来学习工作以外的东西，或者培养自己的兴趣爱好。

人永远不要把自己局限在某一方面，要多方面发展。这是个以快取胜的时代，你不快就会一直被超越。

在学习东西的时候，也要多加思考。开拓自己的思维，别太故步自封。也要随时随地做好学习的准备，让自己的认知逐渐变宽。

**三、多看书。**

所谓，书犹药也，善读之可以医愚。

要记住，不管什么时候，一定不要放弃读书。给自己制订一份读书计划，每天坚持阅读30-60分钟书籍，在阅读的过程中放松自己，去寻找自己所不知道的东西。

书读多了，容颜自然会改变，距离自己想要的生活，也就会更近一步。

**四、付出行动。**

我们每个人都能够成为自己想要的样子，只是有时候真正努力的人并不多。为什么做不到呢？因为不够努力，也不愿去改变。

你总是说，我要活成自己喜欢的样子。那你付出行动了吗？没有行动，所有的东西都白搭，都是空话一堆。

所以啊，既然想要活成自己喜欢和想要的样子，那就从现在开始，从此刻开始付出你的行动，真正地实行起来。

你要明白，真正的脱贫是靠自己。只有你足够优秀了，你才有能力，让自己告别贫穷，活成自己喜欢的样子。

## 既然没有办法在一起，那就用力地祝福吧

见过太多的爱而不得，也见过太多的两情相悦。有时候，不是我们不够相爱，是现实让我们无奈。可就算如此，我还是要祝你一世安好。

《前任攻略》里说，在爱情走到迷茫的时候，要验证是否相爱最好的方法就是分开，分开后如果痛苦、如果思念，那就是真爱，真爱一定会让俩人再次相遇。

我相信，很多人在爱情里都会遇到这样的情况。两个人明明互相喜欢，可是当激情褪去了，爱情好像也消失了。虽不会争吵，但会冷战。你不说，我不说，疙瘩也就一直在心里。

一位朋友跟我说，他和女友终究还是选择分开了。很奇怪的是，分开比在一起好，两个人都是愉悦的。也许，从一开始两个人都错了，错把好感当爱情。

但我相信，他们之间是真的互相喜欢过。好的爱情在分开的时候，一定是互相成全，成全我们之间曾爱过，放手去寻找属于

彼此真正的爱情。

很多感情就像是看了一场电影，等到电影结束的时候，一定会散场。那些注定要分开的，只能说明真的不属于彼此。

既然没有办法继续在一起，那就用力地祝福吧。我们各自退到好友的位置，祝你幸福。

在这里，我想讲个故事：

左先生和右小姐互相喜欢，但他们没有在一起。因为，左先生结婚了，有了自己的家庭，右小姐还是一个人。

几年过去，右小姐很少跟身边的人提及左先生，他一直在她的记忆里，一翻开便无比清晰。

并非左先生曾伤她有多深，相反，右小姐知道左先生是真的爱过她。他们在一起的时间并不长，或者说，他们之间从未真正开始过。

2012年的春天，左先生跟右小姐表白。从此，左先生在右小姐心里烙了一块印。那时候的他们，还真是可爱，把爱情看得太简单，以为只要互相喜欢，两个人相爱了就可以永远在一起。

于是，左先生在离开家的那天，他们互相承诺，说好多年后一个未娶，一个未嫁，就在一起。

你一定要相信，当两个人拥有爱情的时候，所有的誓言都是真的，是真的觉得自己一定不会违背承诺，而在反悔的时候也都是真的觉得自己不能做到。

所以，誓言这种东西无法衡量坚贞，也不能判断对错，它只能证明，在说出来的那一刻，彼此曾经真诚过。

左先生去了南方打工，右小姐在北方读书。一南一北，用电话和短信互诉衷肠。每天晚上准时在线上寻找对方，偶尔发去一两句情话。左先生总是说，你等我，等我赚够了钱就娶你。

右小姐说，好啊，等你娶我。

那些聊天记录，成了他们的催眠曲和对爱的期盼。右小姐盼着过年早点见到他，左先生盼着早点娶她。

虽然，他们没有公开两个人之间的秘密，但在右小姐的心里，早已认定左先生是自己的男朋友。右小姐也知道，左先生并没有这么认为。因为他自尊心太强，只要没有能力给右小姐幸福，就不会去承认。

右小姐开始将左先生说给身边的人听，身边的人都说，你们要好好的啊。右小姐笑了。当右小姐决定把左先生介绍给自己的朋友时，左先生说还是不了，我还没成就，我们还不能算在一起啊。右小姐难过了很久。

当然，右小姐没有告诉左先生，她难过了。她说，我想你啦。

爱情是美好的，当我知道你喜欢我的时候，我就有勇气来面对全世界。我知道，我们身处两个世界的时候，我依旧选择相信，相信我们可以。

不跟左先生聊天的时候，右小姐就写日记，写了整整一本。日记里，满是左先生的名字。

然而，就在他们异地的第一百零九天，这段彼此约定的感情结束了。

左先生发了个信息说，对不起，坚持不下去了。想了很久，我们之间还是不合适，差距太大。于是，右小姐再也找不到他。

有时候，一个人走到你身边用什么样的速度，他走的时候一定会比来的时候更快。

那段感情隔断的一整个大半年，左先生和右小姐之间没有半点联系。那一年的冬天，左先生回来了，但是他们没有见面。

让右小姐没有想到的是，次年冬天见左先生的时候，却是他结婚的时候。感情这件事，有时候还真是让人怜悯和费解。

左先生结婚的前一天，右小姐约他出来。她知道这段感情在两个人心里，一直都是有遗憾的。两个人谁也没有说清楚，谁也没有正式的告别。

右小姐不想带着没有解开的答案和遗憾去祝福左先生。那天，他们聊了很久，说了那些从未说出口的话。那是一场告别，也是真心的祝福。

爱情，是世界上最美好的事情。在一起的时候，所有的爱意都是真的；就算是分开了，也要说一句珍重。好好说了再见，才是真的再见。

所以，如果没有办法在一起，那就用力地祝福吧。把喜欢的感觉放心里，让时间慢慢沉淀。慢慢地我们也就明白，不是所有的喜欢都能在一起。在这世界上，还有一种喜欢叫作祝福。

祝福你也祝福自己，在爱里收获了成长。

## 不管有多艰难，都要走下去

我们总是习惯性地在脆弱的时候，把自己的悲伤无限地放大。然后，将自己困在一个无底的黑洞里。可是，生活不就是这样，一遍遍打磨着我们的同时又一遍遍温存着我们。

有一段时间，我很喜欢刘同书里的这段话："你的脸上云淡风轻，谁也不知道你的牙咬得有多紧。你走路带着风，谁也不知道你膝盖上仍有曾摔伤的瘀青。你笑得没心没肺，没人知道你哭起来只能无声落泪。"

然后，告诉自己，一个人把路走下去就是了。

我们每个人，有时候就像是一支铅笔，起初的时候很尖，当我们在生活这张纸上写多了、经历多了，也就慢慢地变得圆滑、变得粗糙。如果能够一直承受下去，我们就可以一直在纸上写下去，如果承受不了自然就会折断。

夜里，准备入睡的时候闺蜜包包在群里发起了聊天。

包包说，最近这段时间自己的状态一直不好。一个人生活在深圳那座偌大的城市，笑容是给别人看的，烦恼就自己收着。人前欢笑，人后落泪。一个人好累，也好难。找不到可以依靠的人，找不到可以说话的人。孤独感与生活中所带来的挫败感时常包裹着自己，加之最近总是连续性失眠，导致自己的状态更加糟糕。

看着包包在群里连发的这几条消息，不免觉得心疼。对于刚毕业不久的她来说，这些才只是个开始。日后的路还很漫长，谁也无法确定要发生什么，经历什么。而我们几个唯一能做的也只有不断地给她鼓励打气，说些安慰的话语，煲一碗"鸡汤"。

可是有时候，话说多了，鸡汤"喝"多了，自然会腻。她能做的只能靠自己一个人来缓解、调整，走出这样的状态。

孤独也好，无助也罢。因为既然选择漂泊在外，就要学会承受生活中的孤独感与无人诉说，这是一个冷暖自知的生活状态。

我相信，对于大部分只身在外漂泊闯荡的人来说，那种孤独、无助感时常会在某个时候向自己不断地席卷而来。它就像是藏在身体某个部位的血液，不定期地涌动着，不管是该或不该，它就是在那里。

就连有时候走在喧闹的街头、商场、闹市都会觉得自己是孤独的。印证了那句：孤独是一个人的狂欢，狂欢是一群人的孤独。也会在受挫的时候，怀疑自己的选择，质疑自己的能力。

前几天，我在微信后台收到一位读者朋友的留言，她说："阿笙，你在上海孤独吗？有没有想家的时候？"

当我收到这条消息的时候，我觉得很暖。一来，很喜欢她对我这样的称谓，让我觉得很是亲近；二来，很感谢她的关心与慰问。

我很简短地回复她，我说："庆幸的是，我没有感觉到孤独，因为有亲人和朋友的陪伴。"是的，太多的时候，我没有觉得自己孤独，我很庆幸在这座城市有我所熟悉的面孔、亲近的人。但，想家我是有的。

自从毕业后，回家的次数屈指可数。在外久了，我们便渐渐地发觉，家成了远方，远方成了家。

暑期六七月份，是公司忙的一个时间段。那段时间，也是我来上海后最为想家的时候。大概是因为，每天加班到很晚，在繁忙中乱了方向。然后，下班走出公司大楼，看着深黑色的夜空与橘黄色的路灯下映射出自己的影子的时候，不得不去承认自己的孤独与想家。也偶尔会在那段时间，被自己的坏情绪包围着，怀疑自己，怀疑来到这座城市的初衷。

我在闺蜜群里说，我想我爸妈，想家。她们说，那就给他们打个电话吧。后来，我没有打电话给父母。因为我了解自己在有情绪的时候，若是给他们电话，听到他们的声音我会控制不住自己的眼泪。

那天，我一个人坐在公司楼下人行道的座椅上，看着眼前来往的陌生人群，有人走得很是匆忙，有人走得很是惬意。但我知道在他们之中一定也有和自己一样在这座城市漂泊着的人，他们也有失意的时候。

我们都在被这个世界完美地驯养着，所走的每一步，所经历的每一次迷茫与不安、艰难与困苦，都将是我们能够更好地生活下去的资本。

我们总是习惯性地在脆弱的时候，把自己的悲伤无限地放大。然后，将自己困在一个无底的黑洞里。可是，生活不就是这样，一遍遍打磨着我们的同时又一遍遍温存着我们。

这个世界上，永远都会有比我们生活更加艰难、孤独的人。电影《三傻大闹宝莱坞》里有这样一句话：心很脆弱，你的心很脆弱，你得学会哄它，不管碰到多大困难，告诉你的心"All is well（一切顺利）"。

也许，你现在仍然是一个人上班，一个人下班；一个人吃饭，一个人睡觉；一个人逛街，一个人看电影；一个人为生活而打拼，为未来而迷茫。

但，请你不要害怕。因为，你正在一个人努力度过所有你认为艰难的日子。每一个笑容背后都有一个咬紧牙关的灵魂。我们都是在边走边成长，边走边懂得。

愿你比别人更不怕孤独；

愿你想家的时候别哭泣；

愿你一个人可以熬过所有艰难的时刻，无所畏惧，把路走下去；

愿我们都可以在多年以后想起自己所经历的事，所走的路，会被自己所感动。

## 志趣不同，就别硬撑了

朋友是在志趣相投的领域不经意的偶遇，而不是为了突显自己的人气而随意结识的群体。与其在错误的圈子里浪费自己的时间，不如多花点时间去经营适合自己的圈子。

生活中，我们身边常常会出现各种圈子。这些圈子，会根据不同的年龄、爱好、兴趣、工作等来分配。我们会因为不同的爱好、不同的工作身处在不同的圈子里。

如果你喜欢看剧，就会拥有一个同样爱好看剧的圈子；如果你喜欢看书，你所处的圈子，也一定是爱看书的。但如果你爱看剧，你非要去融入看书的圈子，那么你一定不会感到舒服，甚至不自在。这就是要把圈子分类的原因。

俗话说，物以类聚，人以群分。

穿衣服、鞋子都要挑适合自己大小的，更何况是人与人之间的相处。适合自己的，才是最重要的。

自从开公众号以来，有不少读者通过私信添加了我的微信，在微信上经常会收到不同读者咨询问题。

不久前，有一位读者在生活中就遇见了关于社交的问题。读者在微信上给我留言说：

大学宿舍里原本跟自己关系比较好的两个室友，突然就跟自己越来越远了。也不知道是为什么，自己好像也没有做错什么，怎么原来的小伙伴走着走着就散了？有时候，看到她们两个人亲密的样子，自己心里不是滋味儿。我是不是不会为人处事啊？还是沟通有问题？

看到读者的这段留言时，我正坐在下班地铁上，当时我的脚因为鞋子小磨破了皮，疼得不行。那一刻，我就在懊悔自己明知道这双鞋磨脚，为什么偏要穿，就是为了好看？

是的，一是因为好看；二是因为侥幸心理，以为不会有多疼，结果自找罪受。

生活中，我们很容易忽略问题的本质，一直陷在想不通的死胡同里。我把自己穿错鞋子这件事，告诉读者。她似懂非懂地问我，鞋子跟人有什么关系？

我知道，她没理解我的意思。

然后，我给她回了一段话：

不是你沟通有问题，也不是你们之间有什么误会，就是不适合做朋友了。既然没有办法继续做朋友，那就保持同学关系，不适合自己的圈子，没必要硬着头皮挤进去，弄得自己不开心。

人与人之间的相处，就像穿鞋子。适合自己的，才最舒服，相处起来才不累。

　　鲁豫在《偶遇》里说过，一个朋友的离开，有时候很像是一个爱人的离开，可能是因为我们无意中伤害了对方，可能因为我们彼此不再适合对方，也可能仅仅是因为她找到了更好的那一个。无论什么原因，当一个朋友离开了，你还是要祝福她，不要有遗憾，还要对自己说：挥别错的，才有可能和那个对的相逢。只有这样安慰自己。

　　一开始我们不熟悉，我们都以为彼此可以成为很好的朋友。但慢慢地，我们会发现彼此的爱好、观点不同了，我们自然也就越走越远。因为，我们都寻找到了适合自己的那个圈子。


　　刚毕业的时候，我在一家销售公司实习。这是一家创业型公司，同事之间的年龄都比较相仿，加上我所在的部门都是实习生，工作氛围自然也就没有那么拘谨，同事之间相处起来也比较轻松。

　　那会儿，我们部门加我一共五位实习生。我们五个人从实习培训开始就在一起，中午一起吃饭，下班了一起走，渐渐地有一个小群，不工作的时候就在里面瞎聊。

　　可能是刚实习的原因，特别希望自己出了校门就能够拥有一个不一样的小圈子，可以在实习的时候不那么孤单。所以，当我发现部门同事们一起吃饭，一起下班，一起聊工作，那种感觉真的很不错。我在心里庆幸自己遇到了一群友好的同事。

　　有一次，我约大家一起来自己的住处吃饭，几个人在桌上吃吃喝喝，有说有笑。大家聚在一起不是聊八卦，就是聊各自对工作的看法。我们喝着酒说，以后不管在哪里都要保持联系。

但慢慢地，我发现，大家聚在一起不是吐槽工作就是吐槽工作，除了工作，没有其他可以聊了，好像每天都在为了吐槽而工作，交流不开心。

这个所谓的小团体，逐渐呈现了分解的模式。随着刚开始五个人一起吃饭，变成了三三两两，再慢慢地也就分解了。

而我，最后也变成了一个人。

刚开始的时候，我会因为五个人的群体分离难过、不开心。甚至，怀疑自己是不是不会处理人际关系，也曾试着，将自己再次归置其中。

但不行，因为我们都意识到了各自所需要的到底是什么样的圈子。大家都不希望，自己是一个只会吐槽工作的人。也不希望，自己所处的圈子不交心。有些人可以成为朋友，但有些人仅能止步于同事关系，再无其他交集。

很多时候，我们因为害怕孤单，害怕自己是一个人，就随意地将只要是聊得来的人，都称为自己适合的圈子。

有时候，当你身处一群聊得来人中，其实他们所聊的话题你根本不感兴趣，但还是要去附和着说几句。以为这样，大家就可以相处愉快，其实，只不过是各自的独角戏罢了。真正的朋友、真正的圈子，哪怕你一句话不说，也会接受你。

之前在一本书上看到过这样一句话：融洽的人际关系有时

候并不是和每个人都相处融洽，恰恰是和一些人的不融洽表现出了你的成熟。你会明白：有一些人出现在你的核心圈子里，你可以信赖他们；有一些人稍微远一些，你愿意接触他们，与他们共事，但并没有打算把他们当朋友；值得注意的是，还有一些人注定不是你的朋友。如果没有层次感、没有判断力，就难免委曲求全，想迎合所有人。

我们可以把自己设置在不同的圈子里，但你一定要保证，自己所归置的圈子，你们一定有共同的爱好和兴趣，有可以聊得来的话题。如果你所在的圈子，让自己相处起来很累，或者聚在一起的时候无话可说，那么就别硬撑了。

朋友是在志趣相投的领域不经意的偶遇，而不是为了突显自己的人气而随意结识的群体。与其在错误的圈子里浪费自己的时间，不如多花点时间去经营适合自己的圈子。

## 自卑心理有多恐怖

我们要做的就是接受自己的不完美，与自己的自卑和平共处，把自卑变成自己前进的动力。

什么是自卑？心理学上有两种解释：

第一种，自卑的心理可以促使人们对自身的正确认识，加快对自身缺点的弥补，对自身的成长有一定的进步意义。

第二种，自卑对人们的心理是有一定危害的，当人们希望通过榜样或美好的事物来促使自身进步和努力时，由于比较的心理作用，人们不可避免地产生自卑情绪，反而会对这些事物产生排斥、厌恶，不利于自身的进步。

这两种自卑心理，其实也就是积极和消极的区别。

心理学家阿德勒也说过，我们每个人都有不同程度的自卑感，因为我们都想让自己更优秀，让自己过更好的生活。

所以，自卑的心理我们每个人都有，主要在于你是消极对待，还是积极对待。

早晨上班地铁上，我看了最新一期冬季《星空演讲》。这也是我第一次看《星空演讲》。虽然早前听说过，但也只是在微博上一扫而过。

看完这次完整版的演讲，让我感触较深的是叫兽易小星《我和我的自卑战斗史》的演讲。

叫兽易小星的演讲，讲述的是他自己从小到大跟智力、秃顶与形象的三段自卑战斗史。

小时候因为智力差数学不好，别人考八十分，他考八分而自卑；工作后，因为别人有头发，自己二十出头就开始秃顶而产生自卑；到北京北漂做导演后，他又因为自己形象不好，太胖而自卑。

在他自己这三段抗战自卑的过程中，他发现，我们根本没有必要去和自卑战斗，因为上天给你的一切，很多时候就是没有办法改变的。

我们每个人都有不完美之处，每个人都会因为自己的不完美而产生自卑心理，每个人都会在人生的某个阶段产生自卑心理。

我们要做的就是接受自己的不完美，与自己的自卑和平共处，把自卑变成自己前进的动力。


俞敏洪曾回答过这样一个问题：一个自卑的人如何拥有自信？他说，只有一个从自卑走向自信的人，才会拥有真正的自信。

所以，如果你也自卑，别害怕，把它变成你自信的垫脚石。

你要知道，自卑这种东西，无孔不入，它就像一颗定时炸弹，随时都会在我们身上爆炸，又像是一种慢性病，会反复发作。

我自卑最强烈的时期是在初三那年。

那年，我从南方转学回到老家读书。当时，对于进入一个新环境，我是非常排斥的，甚至因为转学这件事，有好几天我都没有跟我爸妈说话。那时候，我就在想，为什么非要转学回到老家读书，为什么不能在父母身边？

但不管我有多少疑问，我爸的一句户籍不行就把我打入了冷宫。所以，初二那年暑假，我还没过完就被送回了老家读书。

前往新学校是外公和舅舅带我去的，虽然是自己的家乡，但对于那里我是陌生的。从小，我就随着父母生活在异乡。脑海里有关家乡的记忆，早已随着时间淡忘。因此，当我站在新学校门口，心里别提多慌张。

我所在班级的老师是外公的侄子，当他带我去班里向大家介绍时，我很落寞。我觉得我找不到任何存在感，一个人坐在第一组最前排靠窗户的位置，只能看着窗外。像是一只被关在笼子里的鸟，渴望飞出去。

当然，这些并非重点，重点是我为什么自卑。那学期，我的自卑源于成绩。这倒是和叫兽易小星有点相似了。进入新班级后，当我听周围的同学说，他们初一初二学了哪些内容时，除了英语和语文，我彻底蒙了。尤其是理科，这是我的弱项。

因为，我在南方学的是人教版教科书，而新学校是沪科版。人教版有很多内容是在初三才学，而且教材简单。沪科版的不一样，重点内容都在初一初二学了，教材难。当时，我内心一阵惶恐。

对于天生理科思维薄弱的我，可想而知，初三那一整学年，我过得并不好。原本在异乡排名靠前的成绩，到了老家这所学校一落千丈，甚至一再倒数。

初三上学期，第一次考试，我就没有考好。这让我心里一阵颤抖，心想糟了，刚进入新班级就考成这样，接下来如何是好？当身边同学开始问我，听说你在外面成绩挺好的，怎么一转回来就不行啦？我不知道该如何回答，只能笑着说，我也很难过啊。

在第一次成绩失败后，我努力看书做题学习，想着下次考试一定要考好。但结果依旧不理想，一次、两次、三次……有一次，我数学只考了十几分，一个人在宿舍哭了好久。第一个学期下来，我变得不爱说话，自卑。

我的性格也是从那时候发生改变的，我对自己没有任何信心。在这之前，我以为只要自己努力，是可以学好的，但事实告诉我，我错了，我的基础太差，加上理科很多重点课程都没有学过。每次考试试卷发下来，可想而知，都是不堪入目。

我陷入了自卑，对自己的信心减了一大半。这样的心理一直纠缠着我到整个初三结束，那一学年可以说自己心理素质极差。考不好就哭，老师找去谈话，不敢多说什么，也不敢跟同学交流，因为我害怕被别人瞧不起，于是，我选择一个人放在心里隐忍着。

初三毕业那天，我走得很快，想让自己尽快脱离那个学校。

可是，这样就可以不自卑了吗？可以解决自己的自卑心理了吗？不，并不能。

这是逃避问题，逃避自己的自卑心理。我们只有去面对，才能解决问题。

因此，几年后，当我回想起那一学年时，我真的觉得自己是错的，而且错得离谱。首先，在处理自己负面情绪的做法上就不对；其次，就是不敢面对自身存在的问题。

其实，这种心理是非常可怕的，不懂得自我处理，太在意别人的看法，被自卑左右着自己的思想，宁愿接受自己不行，也不相信自己可以，注定太累，止步不前，无法进步。

在现如今生活压力下，每个人都会有自卑心理，而且这种心理会反反复复地出现。这说明，我们要一直自卑吗？不是。

我们可以自卑，但是要积极地去对待自己的自卑心理。我们要用正确的方法，去面对处理自卑，把自卑变成自己前进的动力。

**一、找出自卑的原因。**

虽然我们每个人都自卑，但可能大不相同。所以，我们要了解自己自卑是因为什么，家庭？工作？成就？

找出自卑因素后，我们在一步步针对重点进行改善。

**二、正确地认识自己。**

所谓认识自己，就是全面、客观、辩证地看待别人和自己。

自卑者往往有很强的自尊心和抱负，自我评价比较高。在学习生活中，由于自己方法不当或缺乏处世能力而陷入困境时，自尊心受到损害、优越感严重失落，于是，从自尊自信者走向另一个极端，变成一个完全失去自信的人。

　　这个时候就需要你正确地认识自己，你真的不行吗？你真的比别人差吗？还是你真的比别人努力？

**三、积极地自我暗示。**

　　在做任何事情之前，你要进行积极的自我暗示、自我鼓励。人的自我评价实际上就是人对自我的一种暗示作用。你要先肯定自己，才能做好事情，如果你自己都否定了自己，别人又如何肯定你？

　　你要始终坚信"我能行""我也能够做好"。成功了，自信心得到加强；失败了，我们也不应气馁，不妨告诉自己"胜败乃兵家常事，慢慢来我会想出办法的"。

**四、用自己的长处，弥补自己的短处。**

　　每个人都是有长处和短处，如盲人尤聪、聋者尤明，这是大家常见的。

　　数学家华罗庚也说过："勤能补拙是良训，一分辛苦一分才。"我们要学好利用自己的长处来补自己的短处。

　　拿破仑生来身材矮小，这是他的短处，但他并不因此自卑，而能看到自己的长处并立志在军事上取得成就，经过不断努力，最终取得成功。

所以说，人的某些缺陷和不足，不是绝对不能改变的，而要看自己愿不愿意改变。只要找到正确的补偿目标，就能克服自身的缺陷或者从另一方面得到补偿。

如果你成绩差，那你就找出自己的长处，将其发挥出来，代替你的短处；如果你所在的工作岗位不如别人，那你就利用自身的优点去做别的事情，告诉他人，除了工作你还可以做其他事情！

你要知道，没有谁是十全十美的，都有不足之处。别让自卑作祟，阻碍自己前进。如果你连自己都看不起，那真的就没有人看得起你。

所以，无论是生活、工作还是学习，你只有克服了自卑恐惧心理，不在乎别人的眼光，你才能成长，才能够将自卑化成自己前进的动力。

# 致异地恋：这条路我陪你走下去

异地恋很难，要为彼此坚持一下，哪怕只是一天、一周、一个月或者一年。彼此之间要有足够的信心，要相信两个人可以一起解决、面对所有问题。走过异地恋，就是一辈子。

上海下雨了，很冷。

都说，南方的冬天其实比北方冷，是带着湿气的冷。加上下雨刮风，那种冷，便深入骨髓了。

张晓雅刚结束正常工作，她走出医科大楼的时候，雨水有点凶猛。她抬头看了看浅黑色的天，一股冷风席卷而来。她整个人都缩进了衣服里，还直打哆嗦。

这个时候，张晓雅的手机响了，是吴明的来电。但因为下雨，张晓雅的手机又是静音，手机响了五遍张晓雅都没有接听。

吴明在电话这头急了，一时半会儿不知如何是好，生怕张晓雅出什么事。他赶忙拨通了张晓雅闺蜜的电话，确认张晓雅是否安全。

张晓雅上地铁后，拿起手机看到了吴明的来电，五个未接电话，张晓雅笑了。那个微笑，是由内而外的，她突然没有那么冷了。

她给吴明回电后，吴明大吼了一声说，你去哪了？急死我了，你知不知道啊？电话也不接。

张晓雅说，下大雨啦，手机在包里没听见啊。

听张晓雅这么一说，吴明又是深深的自责。

他自知自己因为工作原因，没能陪在张晓雅身边已经够对不起张晓雅了，现在却因为她没接自己的电话，而凶她。那种自责感，在心里抓狂。

挂掉电话后，吴明给张晓雅发来一段很长的文字，每句话里都表明了对张晓雅的关心和爱意，最后一句话是：你要好好的，天冷千万别难过，因为，我抱不到你。

这是他们的爱情，异地恋的爱情。

异地之后，微信表达爱意是他们常做的事情。吴明在广州，张晓雅在上海。两个人之间千万里的距离，让这段感情也被拉成了千万里。

张晓雅和吴明是经过家里人介绍认识的，刚开始张晓雅对吴明是没什么好感的。

毕竟，张晓雅在心里一直反感通过介绍来谈恋爱这件事情。她自知，感情的事情，并不是聊一聊就可以，需要的是互相了解和接触。

为此，在家里人把吴明的微信给张晓雅时，张晓雅便直接抛到了脑后。倒是吴明，第一时间加了张晓雅的微信，主动联系了张晓雅，两个人也就有了第一次的聊天。但第一次聊天，似乎并不愉快，都是嗯嗯、哦哦。这一聊，让张晓雅对吴明的好感直接下降。

张晓雅心想，跟一个无话可说的人聊天，比自己平时工作三班倒还累。于是，每次吴明找张晓雅的时候，张晓雅都是一个字或者几个字的回过去。

可是啊，感情这东西，喜欢跟你反着来。你越是在心里怀疑，你们不会有什么的时候，它越是希望你们之间发生点什么。

慢慢地，张晓雅发现吴明是一个很细心的人。虽然张晓雅跟他聊天，都是他问她答。但也正是这一问一答，让吴明了解了张晓雅的性格、爱好。

他会去注意看张晓雅发的朋友圈，记下张晓雅今天吃了什么，做了什么。他会通过家人对张晓雅的认识，来了解张晓雅经历过什么。

张晓雅是一个需要保护的人，独自一人在外漂泊，需要的就是关心和体贴。吴明恰如其分地做到了这一点。

虽说吴明不在她身边，但吴明每天都会找张晓雅聊天，询问张晓雅的情况。

知道张晓雅生病了，他会时时关心。这种关心，不是过于啰唆的关心，是直戳张晓雅心里的关心。

久而久之，张晓雅习惯了这样的吴明。她开始主动找吴明聊天，聊聊自己一天的生活和工作。

张晓雅很喜欢吃，慢慢地她会把自己吃到的美食分享给吴明。吴明呢？他自然不是看看而已，他是记在心里，这样他便知道了张晓雅喜欢吃哪类食物。

张晓雅说过的话，他会反复地看，不是无聊，而是去揣摩张晓雅的心情。

张晓雅因为在医院工作是三班倒，白班夜班都有。吴明会算好时间，在恰当的时间给张晓雅一句关心。

独自身处繁华都市的张晓雅，她的心开始一点一点被这个人安抚着、激荡着。感情从来不是我对你好，我们就可以。而是需要一个人用心发现，让另一个人感受到你的心。

吴明提出要去张晓雅的城市看她的时候，张晓雅是犹豫的。一来，她不知道自己对吴明真实的感情。毕竟，网络是虚拟的空间，留给人的是遐想。二来，张晓雅害怕失望。生怕两个人见面后，对彼此都没有任何好感。

这样的心情，你应该能够体会到，是那种万般纠结且不知所措的心情，是那种想见又不敢见的心情。

爱情这个磨人的东西，还真是叫人不知如何是好。

张晓雅见到吴明的第一眼，她心想，这人看上去好呆呀，是那个经常跟我聊天的吴明么？

吴明见到张晓雅心里是一直在扑通扑通跳着的，他想，我要怎么开口，才能缓解尴尬呢？万一说错话怎么办？所以，他一直呆滞着。

但是，先开口说话的还是吴明，他眉毛弯成一条线说，走吧，带你去吃饭。

这回换张晓雅呆了，她想，这怎么有种是他的地盘的感觉？自己倒像是客人一样。

去往餐厅的路上，兴许是地铁里嘈杂的人声，打破了两个人之间的尴尬。两人天南地北，开始不间断地聊着。

偶尔，张晓雅还捂着嘴巴笑嘻嘻地说，哎呀，你说的话太好玩了。

当一个人，他能够让你开怀大笑的时候，你就要明白，他已经一步一步地走进你心里了。

吴明于张晓雅来说，就是这样。

吃饭的时候，张晓雅发现吴明点的菜，都是自己喜欢吃的。好感分再次上升。每上一道菜，吴明都夹给张晓雅吃。

以至于，张晓雅说，我又不是猪，吃不下这么多哦。

吴明说，没事儿，多补补，你有时候夜班太辛苦了。

张晓雅说，不行，我可不要长胖，要不然没人要啦。

吴明笑着说，那刚好啊，我收了。

爱情，兴许就是这样产生的，暧昧也是这样滋生在他们之间的。

那次见面，显而易见使他们之间的感情升温了。

张晓雅虽嘴上没说，吴明我们交往吧。但心里，早已承认这段感情。

怎么形容呢？

像是在听自己喜欢的歌时，那音乐声一点一点地灌入耳朵里。吴明，就是这首歌，一点一点地唱进了张晓雅的心里。

吴明当然不需要张晓雅来点明说开，他是了解张晓雅的。他不仅年龄大过张晓雅，他的心智亦是如此。

所以，他知道自己该如何去把握这段感情。不多不少，不远不近，刚刚好。

所谓爱情，有时候不过如此，你不用多说，我便懂你的意思。你喜欢，我便多靠近你一点；你不喜欢，我便保持一段好的距离。

这个时候的地铁，嘈杂声依旧。但张晓雅的心，是静的。张晓雅看到最后一句话，眼角不知是刚被雨水淋到的原因，还是因为她心里莫名的温暖而伤感。

她也自知，两个人不同城市，这条路比想象中的难走。可既然选择开始，再难也要坚持下去啊。

她回吴明，亲爱的，这条路我陪你走下去，我们一起走下去吧。

随后，张晓雅被地铁带着驶向回家的方向。

## 我们一无所有，我们拥有一切

生命之所以辽阔，是因为能够熬过那些艰难的日子。所以，别再说自己一无所有了，你只是没看见自己拥有的罢了。

你说，二十多岁了，日子过得还是很苦；

你说，二十多岁了，工资还是很低，生活还是一团糟；

你说，二十多岁了，从走出校门的那一刻开始，身边的人离开的离开，走远的走远。

在现实和理想面前，我们总是会感到失望。那些我们慢慢建立起来的圈子、信心、梦想，好像会在现实面前瓦解。可是，这就是人生，是一个不断丢失、失望、成长的过程。

我们总是会计较没有什么，忘了自己有什么。所以，我们常常会感到自己一无所有。其实，那些我们所没有的恰恰也是我们所拥有的，比如，微笑、勇气，还有信心。

夜间，写文后刷朋友圈的时候，看到好友H发了一条动态，大概意思是：我们二十五六岁，我们一无所有。

看到这条动态的时候，心里其实有点难过。

难过什么？

为自己难过。

我是一个悲观主义者，容易被一些戳心的话带动。其实，在看到H这条朋友圈动态之前，我因为写文而产生了焦虑。一度写了删，删了重写，这样反反复复下来，心里变得很焦虑。

躺在地毯上，脑海里一直盘旋着H所发的朋友圈动态的词语，一无所有。也许你会说，不就是写不出文，为何会一无所有？

之所以一无所有，是因为自己在写文这一块进步太慢。看着身边的好友们，作品一部接着一部地出来，我有点焦虑了。

可是生而为人，我们再怎么焦虑，还是需要自己找到正确的方法来减压，调整自己。

因此，我关了电脑，刷了朋友圈。也就在看到H这条动态后，我给H发去了消息。两个人你一言我一语地聊了起来。

H是我的大学校友，我们同年级不同专业。大一军训的时候，我们在同一个队里，一前一后。H学设计，我学出版。在学校的时候，我们就专业聊得并不多，大部分聊的都是大学生活。

H的设计我见过，很有自己的特色。她对自己的要求也很高，有一次听H说她为了完成一项老师布置的作业足足熬了两个通宵，我佩服H的毅力。

我和H常常会约着一起泡图书馆，她看跟设计相关的书籍，我则看自己喜爱的文学。那会儿，我们把各自在校的时间填得足够的饱满。

大概那时候，我们就已经害怕自己的生活会空虚，会变得找不到所需要的东西。为此，我们依附于忙碌，从而，增加自己大学生活的乐趣和意义。


可是，这次跟H谈起的再也不像以前在学校的那会儿了，更多的是毕业这两年来各自生活里的变化。毕业后，H并没有留在合肥进入自己心仪的公司，而是回了老家宣城。我呢，漂到了上海，居无定所。

两个人一边感慨，一边怀念。这之间，聊的最多的就是穷和一无所有。H说："最近，这段时间自己特别没有安全感。像个漂在海上的船舶，摇来摇去。而这样的感觉，是时常都有的。"

我呢，我像个没有方向的船舶，又像个摸着石头过河的人，总是在不断地寻找着自己的落脚点和制高点。

两个人聊着聊着都有点伤感，只怪时间太快，还来不及奔跑，就已经滑过。然后便发现，自己一无所有。

深夜的确不适合聊心事，我们会让自己在过去和现在之间拉扯。虽然，我和H都有点伤感，但我们发现，其实这一两年来我们都是有改变的。生活中的失意难免会有，各自是一直坚持着的。

在那些我们没有办法掌控的酸甜苦辣里，最难掌控的和变化最多的其实就是自己。我们都不了解什么样的人生和生活最可怕，但我们都知道，在我们回头的时候，我们所走的路是清晰可见的。这样想想，我们好像拥有着一切。

所以啊，当你觉得自己一无所有的时候，并不可怕，可怕的是，你一直沉浸在这样的想法里。你羡慕别人的生活，可你不努力，只是望洋兴叹。

《肖申克的救赎》是我很喜欢的一部电影，主人公安迪可以说是经历了拥有、失去、重生三个阶段。

在他拥有家庭的时候，妻子出轨被枪杀。他在法庭上为自己争辩，法官却认定人是他杀的，他被迫入狱。安迪，一无所有还要被囚禁起来。

但安迪并没有放弃，他在肖申克的那几年，没有让自己停下来。他一直心怀希望，就是走出肖申克，用自己的方式。与此同时，为囚犯们翻修新的图书馆，教大多数的囚犯考取中学文凭。

电影里有这样一句话："有些鸟是关不住的，它们的羽翼太耀眼了。"安迪就是这样。

被囚禁在肖申克的安迪看似一无所有，其实他一步步地让自己拥有一切。他坚信，希望是一个好东西，它永远不会消逝。

安迪用了二十年，凿了隧道爬出监狱，为自己寻求真相，还自己一个清白。从走出来的那一刻，安迪就重获新生，重新拥有。

其实，我们拥有很多。我们有爱，有梦想，有希望，有勇气。你要相信，这些都是我们前行的力量。

我们都向往更好的生活，在追求的路上，我们都会经历各种艰难险阻、失去、得到，我们会哭，会笑，但千万别放弃。

也许我们现在所认为的一无所有，多年后也只不过是一句玩笑话和下酒菜罢了。人生很长，路很远，我们还要不停地走下去。

你想要自己看起来云淡风轻，就要学会治愈自己；你想要自己走路带风，就要学会承受膝盖摔伤布满瘀青的疼痛；你想要自己看起来毫不费力，就要在背后极其努力。

生命之所以辽阔，是因为能够熬过那些艰难的日子。所以，别再说自己一无所有了，你只是没看见自己拥有的罢了。